Sudoku
Volume One

This book or any portion thereof may not be reproduced or copied for commercial purposes without the express written permission of the author

Created by *C&S PuzzStudio*

Copyright © 2020 C&S PuzzStudio. All rights reserved.

ISBN: 9798673617021

CONTENTS

	How to play Sudoku	i
1	Easy	1
2	Medium	27
3	Hard	53
4	Very Hard	79
5	Solutions	105

SUDOKU

Hello and welcome to Sudoku Volume One. This book contains 50 easy, medium, hard and very hard puzzles for you to try - that's 200 in total!

Sudoku is played on a grid of 9 by 9 squares. Within the rows and columns are groups made up of 3 by 3 squares. Each row, column and group (9 squares each) needs to be filled out with the numbers 1-9, without repeating any numbers within that row, column or group.

Sudoku is a game of logic so you shouldn't have to guess; if you don't know what number to enter in a certain square, keep scanning the other areas of the grid until you seen an opportunity to place a number. But don't try to force any numbers into place – Sudoku rewards patience, insights, and recognition of patterns.

One way to figure out which numbers can go in each square is to use process of elimination. You do this by checking to see which other numbers are already included within each group, row or column, since there can be no duplication of numbers 1-9.

Quick reminder of the rules for Sudoku:
Number 1-9 can only appear once in each column.
Number 1-9 can only appear once in each row.
Number 1-9 can only appear once in each group.

Are you ready with your pencil?

EASY

Puzzle 1

9	5		1	6		2	3	
1								
	3	4		5	7	1		
		2			6			
			3		9			
			7			5		
		5	4	3		7	6	
								8
	1	3		2	8		9	5

Puzzle 2

		6			1	2	9	
3		1				6	4	
				2	6			8
		7			4			6
2				8				5
4			5			1		
1			7	9				
	4	3				7		9
	9	5	6			8		

Puzzle 3

		3	2			7	1	6
	2			6				
6			4		5		2	
		5		7				
9		6		2		3		8
				5		1		
	1		7		2			5
				3			4	
5	6	2			1	9		

Puzzle 4

		8	4	6				
		5		7		8	3	
	4	1		8				
	8	6						9
		2	6	1	5	7		
5						6	2	
				2		5	8	
	6	3		5		2		
				9	6	4		

Puzzle 5

		7					9	8	
9					1			
3			4		9	7		1
7	9						1	4
			7	2	4			
8	4						2	7
2		4	8		7			5
				6				3
	5	9				4		

Puzzle 6

2				9			8	4	
	7				6			5
		6	4			2		
1						5	2	3
	4			2			6	
3	5	2						7
		4			7	3		
9			6				8	
	8	7			4			2

Puzzle 7

3				7	8			6
4			2					5
5				4		1		
		1	8			6		
	5		9		6		2	
		3			4	8		
		4		6				2
9				5				3
8			3	1				4

Puzzle 8

				9			1	6
7		6	2				3	8
					3		2	7
	4	5						3
	2						8	
8						7	5	
4	3		8					
6	7				5	3		9
9	5			4				

Puzzle 9

	2		5		9	7		8
5					2	4	6	
1				8				
				4	6	9		1
8		6	9	7				
				1				7
	5	1	8					3
6		8	7		3		2	

Puzzle 10

		9	7			8	6	
		7	4	8	3			
		4					7	
1	2							3
	6	5				4	8	
7							5	1
	8					7		
			1	7	2	5		
	7	1			4	9		

Puzzle 11

		7		5	9		3	8
5		8						1
	9					6		
	2	3			4			7
1				7				6
4			2			5	9	
		9					1	
8						3		4
6	5		3	1		7		

Puzzle 12

		2				4		
	6		3	1		8		
1	8					7		5
				4	3	2	7	9
				5				
7	9	8	1	6				
9		4					2	7
		6		3	7		1	
		1				3		

Puzzle 13

7			1					
	5			9			4	
6	1			8	5			9
		7			3		1	8
9				5				6
4	3		6			2		
8			5	6			2	1
	2			7			6	
					9			3

Puzzle 14

4					3			7
	3			7	1		2	
		7				3		
	5	4			2	7		
6	1						4	3
		8	1			2	9	
		9				5		
	4		9	3			8	
5			2					6

Puzzle 15

	7		3	8	4			
	5						3	
8	2		9		7		6	
7						9		
	9	5		4		6	7	
		8						2
	3		8		5		2	7
	8						5	
			4	7	3		1	

Puzzle 16

	4		9	1				
		6						4
			8			9	5	3
		5	6	4	1			
1		8				3		2
			2	8	3	6		
2	7	4			5			
6						5		
			2	6			9	

Puzzle 17

	4			5	6			8
				7	1		4	3
	5	7	4					2
				2				9
		3		9		2		
9				1				
6					8	9	7	
7	1		9	4				
4			7	6			1	

Puzzle 18

		1	3		9		4	7
3							9	
9		4				5		
7	6			5			2	
			8	3	2			
	2			6			8	9
		5				9		1
	9							6
8	3		1		6	4		

Puzzle 19

	4	9			6	3		
				4				2
	1						9	7
		4			8		5	3
3			1		5			4
9	8		4			6		
5	9						3	
2				7				
		1	3			5	7	

Puzzle 20

		8	6	4			9	
				8		6	1	3
				9				5
8			4			3		6
	2						7	
4		7			1			9
3				1				
7	9	4		6				
	5			2	4	7		

Puzzle 21

8			5	7		9		
				2				4
7		5					8	6
5	7		3				2	
		1				7		
	8				6		5	9
6	9					1		8
1				6				
		2		8	9			7

Puzzle 22

	4	3						
8				6				4
			3	1			7	
		1	6	7	8			5
6		4				7		2
3			1	4	2	8		
	1			3	9			
7				5				1
						5	6	

Puzzle 23

	4							6
8					6	2		
			8		7	4		
	5		7		2		9	
	8	4	1	5	9	3	6	
	7		6		3		4	
		5	2		8			
		6	9					1
1							5	

Puzzle 24

	4	7		5		9	6	
		2			4	8		
	6					7		
			9		1			3
4		3		8		1		2
8			3		7			
		5					1	
		9	8			2		
	2	4		6		3	5	

Puzzle 25

								3
3		7	5	4				
	4			8	9		1	5
		1		4		3		
		3	6	5	8	1		
	6		7			4		
6	9		8	3			2	
				9	5	6		4
7								

Puzzle 26

6	3				1			
		2	5		4	7		3
4						1		
		9				2	7	
	4		2	5	8		9	
	5	1				3		
		8						6
1		4	6		2	5		
			3				2	4

Puzzle 27

	7	8	5			3	2	
			8		7		5	
9		4	6	3				
			3	7				
1								8
				2	6			
				4	3	1		7
	9		2		1			
	6	1			5	4	9	

Puzzle 28

5		8			2	3		
	7					1	8	
	9			6		2	4	
					4			2
		1	9		3	4		
3			7					
	4	7		5			9	
	1	9					2	
		5	6			8		4

Puzzle 29

							3	7
2				7	9	1	5	
		7			6	9		
		3	5			6	1	
			4		1			
	5	9			8	3		
		8	7			2		
	4	1	2	6				5
3	7							

Puzzle 30

3		1						
	9		4				8	
7			5					
5	6			4	9	1		
2	7		1	3	6		4	8
		4	2	7			6	9
					8			5
	1				2		7	
						6		2

Puzzle 31

4		1	6	9	7			
	7			3				
		2				5		7
2	8	9				4		
			8		4			
		3				2	8	6
5		6				8		
				1			5	
			5	8	2	1		4

Puzzle 32

	5		8	6		1		
3					7			
	7			9				4
9					8	4		2
1		5				7		6
2		8	6					9
6				3			5	
			2					8
		2		8	6		7	

Puzzle 33

	4	9	2		6		3	
				5				
			1			5		8
8		7	5		1			2
		2				9		
6			9		3	8		4
9		1		5				
				3				
	8		7		9	2	5	

Puzzle 34

	6		5					
	3		4	6	8	7		2
8		7						4
				2				1
2	1						6	3
3				4				
1						2		5
5		8	7	3	2		4	
					9		7	

Puzzle 35

8							2	3
		3			5	7	1	
			4	9				
	7				9	5		2
9	2			3			8	4
5		8	1				7	
				5	1			
	9	7	6			2		
1	6							8

Puzzle 36

2				1				
1	5			3			7	
8	7		9	2		4		
			8			9		7
	2						8	
6		7			3			
		9		6	5		4	8
	6			8			9	5
				4				2

Puzzle 37

				8		4	2	
4			5					8
8					2	9	5	6
	5	4		2		1		
				7				
		8		3		5	9	
6	4	9	2					7
1					7			5
	7	2		6				

Puzzle 38

						9	3	
9	7			1	3	2	5	
		6			7		4	
	1							7
8			3		4			2
6							9	
	2		8			7		
	5	9	7	4			6	1
		8	5					

Puzzle 39

	7				4			
		8	5		3		6	7
6				2			4	5
	6				2		7	
			7	6	5			
	5		8				3	
1	8			7				3
5	2		1		9	6		
			2				9	

Puzzle 40

							8	
	3			8		2		
		8	3	2		7		
8	6		2		3	1		7
	1			4			2	
5		2	1		8		6	4
		6		1	4	8		
		7		9			4	
	2							

Puzzle 41

		7	5				9	
5		2	6				1	
	8		2		3			
6			7					5
	9	8		5		4	3	
2					4			7
			4		1		2	
	2				7	6		1
	4				5	3		

Puzzle 42

	9		2			7		
			4	8		1		5
		3						2
	1				4		5	7
3		6				8		4
4	8		7				2	
1						5		
6		9		2	8			
		4			5		1	

Puzzle 43

4	6				8			
7				6	9	8		
	9					3		
5		8			6		4	
	3	4				6	8	
	7		3			1		5
		7					2	
		5	2	4				6
			8				7	1

Puzzle 44

			9		1	2		
	8			3			5	
	9	2		8	4			
			4			6	7	
		7	2	5	3	8		
	4	3			7			
			1	2		5	3	
	6			4			8	
		8	3		6			

Puzzle 45

		5		4	2	6		
				9		5		
		9			8		1	4
6	7					1		
5			4	6	7			3
		2					6	7
4	9		7			8		
		3		1				
		1	9	5		7		

Puzzle 46

			2	3	9			5
	2							3
				1				6
4		5		8		1		
3	7	8		5		9	2	4
		2		9		3		8
9				2				
6							7	
2			5	6	8			

Puzzle 47

2	5	7	9			8	3	
		6		5				7
4			3					
		4			3			
7		5				4		1
				4		2		
					6			8
9				8		5		
	1	8			5	7	9	4

Puzzle 48

					5	1		7
2			7			3		
5				3	4			
	9	2	4	5				
	6	4		7		5	8	
				1	9	4	2	
			2	8				5
		8			6			1
4		5	1					

Puzzle 49

		5			4		2	3
			3			8		
1	6	3					4	5
		9	7					6
			6	8	9			
2					3	1		
3	1					4	9	8
		7			8			
4	9		2			6		

Puzzle 50

		2			3			9
8		9		6			5	
1				9		7	4	
	3	1	5					
	5						1	
					8	5	3	
		4	3		5			2
	8			2		7		1
9			6			3		

MEDIUM

Puzzle 1

		4						6
7								
		9			7	5	1	2
4		3	7		8			1
		2	3	9	6	7		
9			2		4	3		8
3	9	6	4			1		
								7
5						9		

Puzzle 2

2	9		5	8			3	1
	3					5		7
				9				
5		9	1					
	6		3		9		1	
					8	9		2
				4				
8		1					2	
3	4			6	1		8	9

Puzzle 3

8			3			1	7	
			6			3	9	
	7	3				5		
		7					6	
6		4	5		2	7		8
	3					2		
		9				8	5	
	8	2			1			
	4	1			8			3

Puzzle 4

			4	6	2			
2			3			4	5	
	6	4		5		3		
		2	9					8
		1				7		
4					5	1		
		5		3		6	8	
	4	8			7			1
			8	9	6			

Puzzle 5

						7	6	3
			3	7	8		9	
		7		5	6			
		2	4			6	3	
	5						7	
	9	1			5	4		
			5	4		2		
	1		8	6	3			
4	8	9						

Puzzle 6

		4	6		5	8		
				9	1	7		
7	6		8			5		
	8	6		4				3
				5				
5				8		1	2	
		5			8		7	1
		9	5	2				
		8	7		3	2		

Puzzle 7

							6	
			8	4	6	5	7	2
7		4						9
			2	3	4		8	
	7						6	
	4		6	7	1			
5						2		7
3	2	7	9	8	5			
		6						

Puzzle 8

	7		6		8	4	2	
					2			
	2	3			7			
		7					6	4
9	3	6				8	1	7
8	4					9		
			3			7	8	
			4					
		8	9	2		6		4

Puzzle 9

	2		5			8		
		1	7		9	2		6
6		7			2			
				7		6	1	
		4				7		
	8	2		6				
			8			3		4
2		3	6		7	9		
		8			5		6	

Puzzle 10

	7				3		9	
	4						2	3
		1	9	5	6			7
		8		9			3	
			4		2			
	9			6		4		
9			6	7	1	2		
7	2						6	
	8		5				7	

Puzzle 11

9		3				6		
	1		3					2
		5		9	6	7	3	
							8	7
6		1				2		9
	7	8						
	3	7	8	1		9		
1					9		8	
		2				4		7

Puzzle 12

	7	5	2					1
		1			6		4	7
	6			5			3	2
	1	7	4	8	2	9	5	
5	9		3				1	
9	5		6			2		
1					4	3	7	

Puzzle 13

2		9	5			4		
	8						2	
7		6	8			9	3	
			9					3
		7	1	6	5	8		
9				4				
	7	5			6	3		4
	1						8	
		2			7	5		6

Puzzle 14

		2	9	1			8	5
						3		
6	5			8		1		7
	4							2
1			7		5			8
3							6	
8		5		4			7	1
		3						
4	9			7	2	8		

Puzzle 15

		3	7		9		2	1
					6		7	8
	1				4	9		
			6				9	3
	8						6	
3	2				7			
		8	5				1	
6	9		1					
2	7		4		3	8		

Puzzle 16

	3	1		7				
		6	5				1	9
		7		9	1			8
				6	9		1	
6								2
	5		2	3				
7			1	2		6		
	6	4			7	8		
				8		7	4	

Puzzle 17

		5	7	6				3
	3		1				6	
			8			9		5
					6	3	2	
3			5		1			7
	6	9	4					
7		3			4			
	9				8		3	
1				5	9	4		

Puzzle 18

	2	1		3				
						3	1	2
	3		2		8	9	5	
					1	7		
9			4		6			5
		4	8					
	8	9	7		2		3	
5	1	2						
				8			2	6

Puzzle 19

2		5	9	7			4	
		6		4	5			2
	4			6				7
					8		3	
6								1
	5		2					
4				8			6	
7			3	5		2		
	6			2	9	7		8

Puzzle 20

					8	7	6	
	2			6		5		1
8		6		1	9			3
	9		3					
3								4
					5		9	
6			5	3		9		7
9		2		4			5	
	4	7	8					

Puzzle 21

1	6			5		8		
	7	8					2	
4		2			7	3	9	
			9					
		6	1		8	9		
					3			
	9	4	5			2		3
	2					1	7	
		3		2			6	4

Puzzle 22

4		3	1				7	
				8			4	2
6			4	5		9		3
	7						9	
		4				7		
	8					5		
9		7		3	1			8
8	6			4				
	1				6	4		9

Puzzle 23

			3		2		4	5
		5	8					1
		1	6	7		2		3
	4		9					
5								7
					7		6	
7		3		2	4	9		
1					8	7		
8	2		7		6			

Puzzle 24

5	3	9						
			8		7			
2			5	3	6			9
	5		1				3	7
		3		7		2		
6	7				5		4	
3			7	4	1			2
				6		8		
						6	8	4

Puzzle 25

		5	7	3	8			2
							3	6
8			4			7		1
				2			8	
5	2						6	9
	7			9				
9		1			3			8
2	4							
7			9	1	5	3		

Puzzle 26

		6	4					
	7			2		4	3	9
1					7			2
5		9						3
3			2		8			4
4						2		6
9			8					7
6	3	4		7			5	
					9	3		

Puzzle 27

	4				5			
7		2	3	4				
		8	9					7
5	2				7		6	9
		6				7		
9	7		5				8	4
2					6	3		
			3	4	9			1
			2				4	

Puzzle 28

	1					8	9	6
		8			7		4	
6	2			8	4			
				5			2	7
9								1
1	5			2				
			2	9			8	4
		6		4		5		
4	8	9					1	

Puzzle 29

				7			8	5
			1			3		7
	2		5				9	
2	6			3				1
4			2		5			8
1				6			3	2
	8				4		1	
9		3			8			
7	5			2				

Puzzle 30

	4	9			2		1	
6	8		3					
	2		9	7				
2	5			6		1		
1								2
		8		2			5	9
				3	8		2	
					7		4	3
	3		4			6	8	

Puzzle 31

					8			
6			2	4		8	7	3
		2					9	4
			7			1	9	
5		9				3		7
	6	3			5			
3		8				5		
9	5	1		7	4			2
			8					

Puzzle 32

7		8						
	1		6			7		
		5		1		9	8	2
	4	5		6				
3			2		1			8
				7		5	1	
8	6	1		4			7	
		4			2		3	
						8		5

Puzzle 33

1			5	4		9		
7	5	4				3		
			7					5
		9					2	
3	7		4		9		6	1
	2					4		
2					8			
		5				7	3	9
		7		5	3			4

Puzzle 34

	9	8		5		6		
		2	7			3		
6				3		4		
5			2			8		
8	7						1	4
		1			8			7
		5		7				6
		6			4	1		
		4		6		7	8	

Puzzle 35

			5			4	9	
5						3	7	1
				1	3	8		
	6			9			1	
		5	2	7	4	9		
	9			8			2	
		3	6	5				
1	2	9						3
	5	8			2			

Puzzle 36

2			7		3		5	
4	5			8				
6					5	7		4
	7		6				9	5
1	2				8		4	
7		1	9					2
				2			1	9
	3		5		1			8

Puzzle 37

5				4	6			1
	1	4			3	2		
2						5		
	2		6					3
	4	9				7	1	
7				4		5		
		1						6
		2	3			1	8	
4			9	6				5

Puzzle 38

4					1	7		
			5	3		4		
		5	7	9		1	6	
				4		9	1	
6								3
	3	4		5				
	9	5		1	8		7	
		3		7	5			
		1	9					4

Puzzle 39

			5	7		2		1
9					1		4	
	1		8		4			5
	6	2						
		8	6	4	5	9		
						3	5	
8			4		6		2	
	7		1					8
1		4		8	7			

Puzzle 40

	9	4					7	5
1				3	2	6		8
				7				
5	8	1	2					6
3					7	2	8	9
				2				
6		9	7	4				1
4	1					8	2	

Puzzle 41

1								
					2	4		5
2	3			4	5	1	6	
		3		9				1
	4		2		3		7	
9				5		2		
	7	1	3	2			8	9
3		2	8					
								7

Puzzle 42

9	7				1	3	5	
	4						9	
			9	5				6
	8				3	5		
		1	5		9	7		
		9	6				4	
8				7	6			
	1						3	
	6	7	4				8	5

Puzzle 43

6	9	5	2			7		3
				6		8		5
	7		3					6
	2	4		9				
				3				
				2		6	8	
1					9		4	
8		9		7				
5		7			2	9	6	8

Puzzle 44

1		4				8		5
6		8	2		5	3		1
	4		3	5		6	8	
	1	3		6	4		5	
9		6	4		2	5		3
5		1				9		7

Puzzle 45

			9				2	
7			6				8	
2	9		5		8			1
			3			6		
5	2		9		7		3	8
		1			5			
1			8		9		6	3
	6				1			5
	8		3					

Puzzle 46

				4	3			5
3		7						2
2					7	6		
				1	5	8		
5		4	3		8	7		9
		8	4	6				
		9	5					8
4						3		6
1			9	3				

Puzzle 47

	6				4		5	
		4	5		9			
8	1			6				4
				8	1			6
		3	7		6	5		
6			9	3				
9				5			8	1
			1		2	9		
	3		4				2	

Puzzle 48

		3		9	1	6	5	
6		7		2				
			6				1	
3					6		2	9
		1				3		
2	8		1					5
	6				2			
				6		4		3
	3	8	4	1		5		

Puzzle 49

		1	4	3			2	
				9		5		
6	2		7					4
9	5		6				8	
	6						5	
	4				3		6	7
8					7		9	2
			1		2			
	3			9	4	7		

Puzzle 50

9	2				5		3	
5					6			4
		6			9			8
6							7	1
		1	7		2	8		
3		7						5
8			1				5	
2			6					7
		4	3				8	9

HARD

Puzzle 1

3	2			9				6
	4					3		
			3		7		8	4
		1		3	8	4	6	
	3	6	2	5		8		
6	8		1		3			
		2					3	
5				7			4	2

Puzzle 2

					6	8		1
1		8				5		
9				1	8			
3		5	8		1			
7	1			9			2	8
			7		2	1		4
			1	5				7
		3				4		5
5		1	3					

Puzzle 3

1	8	6		3	5			
7			1					2
		2			4	1		
					2	7	1	
8								4
	7	1	6					
		4	8			5		
2					1			9
			3	4		2	8	6

Puzzle 4

			3			7	1	9
			5	1				
2			4		9			6
6				5	4		8	
8				3				4
	4		9	2				5
7			2		5			3
				9	1			
9	2	1			3			

Puzzle 5

				5			6	
					9	4		8
	8			7	6	1	3	
	3				2	7		
	9	7				6	4	
		4	3				2	
	4	9	7	6			8	
8		1	9					
	5			2				

Puzzle 6

6	7				2	5	8	1
				7				
			9		1		3	
3		6				8	5	
7								9
	1	8				2		3
	3		6		9			
				4				
4	5	7	1				2	6

Puzzle 7

					6	7		4
			1	7		8	2	
							3	1
				3			1	8
9		1	6		8	3		2
3	4			9				
1	3							
	5	4		1	7			
6		2	8					

Puzzle 8

	5	9		6		2	1	
				1	2			
					5		9	
2		3			1	8		
9		1				3		6
		8	3				9	1
	9		8					
			1	7				
		3	6		5		1	7

Puzzle 9

	7	8		4		2	3	
3				9				1
						4	6	
		1	8				2	
		3	1		7	5		
	5				3	7		
	9	6						
2				8				5
	3	5		1		6	7	

Puzzle 10

	4		3		1		9	
9	6		4		8			
		1						
4	1			9			5	
		8	6		2	1		
	7			8			6	4
						5		
			8		4		1	9
	3		2		6		4	

Puzzle 11

1	4				6			
		7	9		2			
3			7	4				1
8				6		1		
	9	1				4	2	
		3		9				8
9				3	4			5
			6		7	9		
			5				1	7

Puzzle 12

		3	1				4	
6	2						5	7
	5			2	7			
			4			3		9
	9		8		1		6	
3		6			2			
			2	1			7	
5		9					1	4
	7				4	8		

Puzzle 13

	2	3					7	
1			8			9	5	
		6		5		4		
	4		9	1	8			
		5				7		
			5	7	3		1	
		8		2		1		
	5	2			4			9
	3					5	2	

Puzzle 14

					3	2		
			4	6	8		7	3
	3		2				8	
5					9		3	4
		6		3		5		
3	8		1					7
	9				5		6	
4	6		9	1	2			
		1	3					

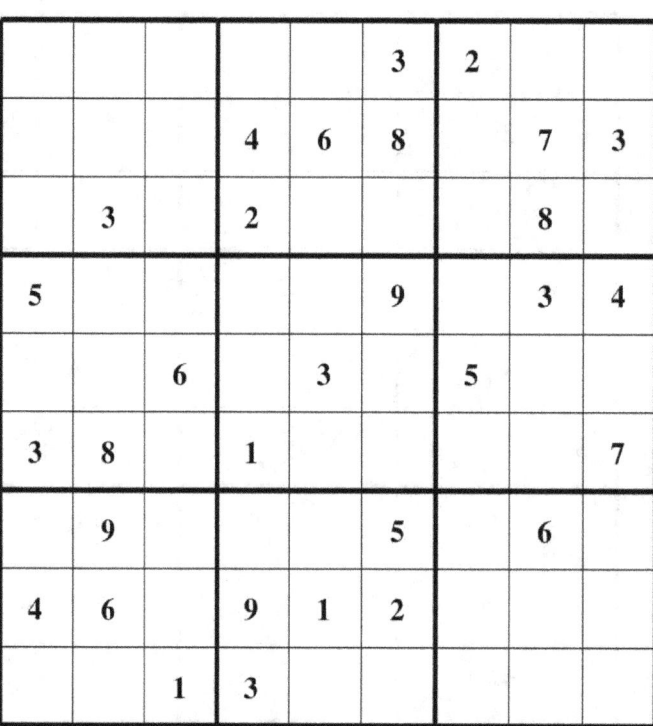

Puzzle 15

	1				8			
	6			3		1		
5		8	1	6		4		
	5		7	1	6			
	4					2		
			4	8	2		9	
		5		2	1	3		9
		3		7			1	
			5				7	

Puzzle 16

8	5				3			
		1		6		9	5	
6			7					2
			1	8			4	
	1		6		7		2	
	3			2	9			
4					6			5
	9	5		1		6		
			5				9	8

Puzzle 17

		1					5	
9	2		8	5				
5		3			7			
		2			1			8
1	8		9		2		7	4
3			7			2		
			6			9		5
				3	4		8	6
	1					4		

Puzzle 18

4	2			8				3
8		9	7	1		4		
1				2	9			
			1			2		
			2	4	8			
		6			7			
			9	3				7
		4		7	2	3		6
7				5			2	4

Puzzle 19

	9			8	6			5
		3	5		4			
6		8			2			
		7		5			9	
		9	4		1	5		
	4			6		2		
			9			8		7
			1		7	3		
3			6	2			1	

Puzzle 20

	7		5	2	9	3		
					3	7		6
	8			7		2		
3	9			1		5		
		8		5			9	3
		9		4			7	
8		1	2					
		4	9	6	8		3	

Puzzle 21

5				2	6	7		
	8	1		3				4
	6			8				2
		5			9			7
9								5
4			8			9		
8				1			5	
6				5		4	1	
		2	4	9				6

Puzzle 22

	9			2	5			6
	7		8		9			
3			7	1				
7	1						9	
6		2				8		7
	4						2	1
				8	7			3
			9		4		6	
5			1	3			4	

Puzzle 23

			7			1		
		5	8	4	3		6	9
	4			6		8		
			2					8
	3		9	1	8		5	
2					6			
		9		7			2	
4	2		5	9	1	7		
		3			2			

Puzzle 24

			1			8	4	7
		7		6	8			2
			7				1	
7		9	2				6	
		2		5		9		
	6				1	2		3
	8				7			
6			5	9		7		
2	7	4			6			

Puzzle 25

1			2	9	4		5	
				8		2		6
			7			8		9
			9	1	2			7
2			6	5	3			
8		9			5			
3		2		6				
	6		4	2	9			1

Puzzle 26

	3	2		4				9
	4		7				3	
9	5			8	3			
	2	1						3
		4		7		1		
8						2	5	
			3	2			6	1
	8				6		2	
2				9		3	4	

Puzzle 27

7	4		1		5	3		
		1	6					
3		6				1		2
	1							9
5			7	3	9			1
9							7	
4		2				7		8
					2	5		
		5	9		8		2	3

Puzzle 28

3	8					6		
		5			4			3
4		6	5					7
	1			8		7	2	6
				5				
7	6	8		2			3	
8					5	4		9
9			1			5		
		1					7	2

Puzzle 29

		9		3		7	8	
4					6		9	3
	6		8		9	4		
		5			3	1		
		1	9			6		
		8	2		7		5	
6	5		3					7
	3	4		8		9		

Puzzle 30

							9	8
8	3				4	7		6
9		1		2	7			
	4			7	9			
6								2
			1	3			9	
			6	8		2		7
3		6	7				4	1
2		5						

Puzzle 31

	8			2	9			
			6	7		8		
		6		5	3	7		4
			5					7
8	5			6			2	3
1					2			
6		4	2	8		5		
		8		1	5			
			3	4			8	

Puzzle 32

	8				2			
6					3			8
	7		8	1	6			
		3				5	7	2
8		7				9		6
5	6	2				4		
			6	9	4		5	
9			5					1
			2				4	

Puzzle 33

	1		6	5		8		
	5				9	2		
	4		2					9
	3		8			9		
1	9						8	5
		6			7		4	
3					2		9	
		4	9				1	
		9		6	1		2	

Puzzle 34

6			1				8	
		2			4			7
	7		5			6	2	
			9			1		
2	1	5				4	9	3
		6			3			
	8	7			1		4	
3			8			9		
	2				6			5

Puzzle 35

1		4	3					7
6					7		1	
2				8				
8	4			5	2	1		
3				1				4
		1	4	9			5	8
				7				1
	1		8					9
9					5	7		6

Puzzle 36

		1		3	7			9
3		7			5	8		
	5	8	9					
						1	5	
	7	5				9	6	
	1	2						
					8	4	3	
		4	2			7		6
5			7	6		2		

Puzzle 37

4	2	3		8		5		
	1			3	5	4		
		6	1					
3	4					7		
		1				9		
		7					3	6
					4	3		
		2	6	5			1	
		4		9		6	5	7

Puzzle 38

	6			5	9	7		4
	2						3	
7		1	4	3			6	
6				4			9	
	5			1				6
	4			9	1	6		3
	7						8	
2		9	5	8			7	

Puzzle 39

	1		6			2		
4			5				8	
	8	6		9				
6		1	3	5			9	
7								1
	9			2	1	6		5
				7		5	2	
	3				5			8
		2			3		1	

Puzzle 40

1			9	5			7	
	6						1	8
4			3				5	2
	5		7	9				
		6				2		
				2	5		9	
6	4				3			1
5	3						8	
	8			4	9			3

Puzzle 41

3		6		9	8	4		7
			4		5		6	8
								2
6						2		
7	5			4			9	6
		2						1
5								
2	8		9		1			
1		9	8	5		7		4

Puzzle 42

9				6		2		
		7			3			4
	3		2		7	1		
			5	1	6	9		3
3		9	7	8	2			
		5	4		1		6	
2			9			3		
		3		2				5

Puzzle 43

2			8				5	
				1	4			
	8	1	2		5		6	
	2					6		3
	1	5		3		7	2	
3		6					4	
	5		4		2	9	1	
			1	5				
	4				9			5

Puzzle 44

8			3		6			9
				9	4	8		
				2	1		4	
7		5			8			
2	1			7			8	5
			4			7		2
	3		1	8				
		9	5	6				
1			9		7			3

Puzzle 45

		9	6		8			5
		3	9					1
	8			2				7
3			8		2			
		2	3		6	7		
			7		9			3
1				9			5	
9					1	8		
6			5		7	1		

Puzzle 46

		6	8	9		5	4	2
4			6				8	
							3	
		1	7			8		
	4	9				3	5	
		3			4	6		
	1							
	7				6			8
9	6	2		5	8	1		

Puzzle 47

3	6		8	1				
	1		2		9		6	
	7		4			9		
		1		4	2		3	
	4		9	5		2		
		2			6		7	
	8		3		4		5	
				9	7		2	4

Puzzle 48

8			4			6	9	
	7	1		9			2	3
							4	
		6	2			7		
1	5			7			6	8
		7			9	3		
	1							
9	6			4		5	3	
	2	3			5			6

Puzzle 49

	4			7			9	
3		9	5	6				
				4	9	7	8	6
						6	2	8
				2				
2	8	5						
9	5	2	4	8				
				5	1	9		2
	1			9			3	

Puzzle 50

1	7			3	8		2	
		8			2	6		
		3	9					8
	1			9	3			4
8			7	6			3	
2					9	7		
		1	4			3		
	8		2	7			4	1

VERY HARD

Puzzle 1

	6		4		9	3	5	
		3		5			2	
			2					
		5	1		6	4		7
		4				1		
7		1	9		2	5		
					4			
	4			9		7		
	3	9	7		5		4	

Puzzle 2

		3	4	8	1		9	
			6			7		
5					3			8
2		4	5		8		3	
	7		3		4	9		1
1			8					4
		2			9			
	5		2	3	6	1		

Puzzle 3

	1				7			4
	2	4	6				8	
	8			3			1	
1	9				6	7		
		5		8		1		
		7	9				5	6
	5			4			7	
	3				9	5	6	
9			5				2	

Puzzle 4

	5				9		3	
	8	3	5		1			
4		1	6	3				
	2				6			
7		5					2	9
				7			1	
				6	4	5		3
			2		3	8	9	
	3		1				6	

Puzzle 5

6				9	8			2
9		2					4	
	1		4				9	6
			3					4
	9		8		1		6	
7				5				
2	5				4		3	
	3					1		9
8			2	3				5

Puzzle 6

4			9	8			5	
				4	7		3	1
2					6	4		
		3					8	
1	9						6	5
	5					3		
		7	6					9
8	6		4	9				
	4			3	1			6

Puzzle 7

	6		7		2		9	
				8		2		
8			6	5				
2					8		7	
	8	4	9			1	6	5
	9		4					8
				7	4			6
		8		1				
	7		8		6		3	

Puzzle 8

				8	2			7
				3		1		9	
		5		7	9		8		
9	3	4						8
		6		3		4		
5						9	1	3
		9		1	3		2	
	1		2		8			
6			9	7				

Puzzle 9

1					8			4
		2					8	
		4		5	7			
5		8	6					7
	2	6	4		3	1	5	
4				5		2		6
		7	1			6		
	8					4		
2			7					9

Puzzle 10

	3		1		6		9	
	6			7	9	4		
		9		3				
	4	6			7	3		
8				2				9
		3	9			6	1	
				4		9		
		4	3	6			5	
	5		7		8		3	

Puzzle 11

6	4			1		8		
		8		3				6
							2	
	3		4			5	2	
	9	4	5		3	1	6	
	5	1			6		8	
		9						
3				5		7		
		7		6			5	2

Puzzle 12

				5		4		
	9			7	8		5	2
5		3				9		
	6			5				
7		9	4		3	2		1
				1			4	
		2				7		3
3	8		1	2			9	
		5			6			

Puzzle 13

	8		4	3		1			
					4				1
	1	2	9		6	7			
	4	3					5		
	7								8
			2					6	3
				7	1		9	3	5
	3				8				
				2		3	4		7

Puzzle 14

						4		8
		5					6	7
6		9	7	8		1	5	
			1		7			6
			8		9			
3			2		6			
	3	7		6	4	2		5
9	5					7		
2		4						

Puzzle 15

3	4		2	1		8		
		2	8		4			1
	1			3			4	
2					3			
	6			2			3	
			1					9
	2			8			7	
9			6		1	5		
		8		7	2		9	4

Puzzle 16

	1			9				
9				5		6		1
	7						3	
7	6		1	4		9		
		9	2	6	5	4		
		4		7	8		6	3
	4						9	
6		7		2				8
				1			2	

Puzzle 17

	6	2	4				9	
			5					1
		3		1	9			6
9		4			1			
	7	8				6	1	
			2			9		4
7			1	5		8		
6					2			
	2				7	1	3	

Puzzle 18

6					4	5	9	1
5			1	6			7	
		4		9		6		
				5			8	
	6			3			4	
		5			2			
		4			1		5	
	1			9	5			3
3	5	9	6					2

Puzzle 19

					4	8		
5				3	1		9	
	1	3	7				5	6
	9			7	5			2
2			9	1			8	
9	5				7	1	4	
	4		1	6				7
		1	5					

Puzzle 20

5					8	1		
	4		6	9				
7			4	5			9	3
					6	4		
9		6				2		7
		3	2					
1	9			4	3			5
				6	5		1	
		5	1					4

Puzzle 21

4	7			1				
		5					8	
		8	6					1
				2	3	1	9	
6	3	9				2	4	8
	8	1	9	6				
3					6	9		
	1					8		
				3			7	4

Puzzle 22

			1		7		8	
		9		2	6			7
		8			5	6		
5		6				7	2	
8				5				9
	7	2				4		8
		4	5			2		
2			3	1		8		
	3		2		8			

Puzzle 23

4	6						8	
	1		8		9			
		8	5		7			6
7					1		5	8
		9				7		
8	5		7					3
2			1		3	8		
				6		4	7	
	7						6	1

Puzzle 24

	1		4				7	
5			6	9				
		7	1		8	9	6	
	7					5	2	
3								9
	9	4					8	
	4	8	5		1	2		
				4	9			7
	5				2		9	

Puzzle 25

			5	1			7	
		1	7		9		4	
					2	5		1
			2				1	8
1	6			5			3	2
7	8				3			
5		6	8					
	1		6			7	9	
	4			2	5			

Puzzle 26

		5	3	7		1		9
7				8	4	5	3	
				1		2		
9					6			2
				4				
5			8					1
		6		9				
	4	9	5	2				7
3		7		6	8	9		

Puzzle 27

9		7		1			5	
					4	9		
	4		6	9		1	7	
		3					4	
7		8				3		1
	2					8		
	7	6		4	1		8	
		2	8					
	8			3		7		2

Puzzle 28

3		1				8		9
7		8		3		2		
	2				1			
	7			6	9			4
			2	4	8			
6			7	1			8	
			1				3	
		6		5		7		8
9		5				6		1

Puzzle 29

				4			9	
		6		8	2			
8	9		7				6	
		5	8					2
3	1		2		9		5	6
2					1	8		
	8				7		4	1
			6	1		3		
	5			9				

Puzzle 30

		4					2	9
	3		8		9	4		1
9				4				3
3				9			8	
4				1				2
	5			2				6
8				5				4
5		3	6		1		9	
6	2					7		

Puzzle 31

4	7		9		2			
		1			5	2		4
	4	5		6	3			2
3		8				4		6
2			4	5		8	3	
6		3	5			9		
			6		4		8	5

Puzzle 32

	1		3		2			9
3					7		2	
9					1		5	
	5			1	3	9		7
8		3	7	9			1	
	4		6					1
	3		1					8
1			5		8		7	

Puzzle 33

5		4			3			2
			2	6	4		8	
	6							4
6			3				9	7
	5						2	
7	1				2			8
1							3	
	4		9	3	7			
9			1			2		6

Puzzle 34

			4				5	8
	3				7		9	
1						4		
		2	5		4		7	6
		4	6		2	5		
5	6		3		8	9		
		3						5
	5		2				3	
9	2				5			

Puzzle 35

	3		8		5			
	6		2	4				
9		5				1	8	
	9	3					7	5
			5		6			
1	5					6	4	
	8	6				2		7
			7	8		6		
			6		2	5		

Puzzle 36

	9		8	6	5	2		
		5		1	2		6	8
							4	
					8		5	6
		8				4		
4	5		9					
	8							
2	4		1	7		5		
		7	2	8	3		9	

Puzzle 37

		7					6	
8		6		9	2			4
1	2				6			
					9	8	2	
	7		2		5		1	
	4	8	7					
			9				3	2
7			6	1		9		5
	9					1		

Puzzle 38

	6						8	
			7		5		4	
1	7	9		8		5		
	2	1			3			7
				2	8			
6			5			3	1	
		6		3		1	7	8
	8		1		6			
	1						9	

Puzzle 39

					6			4
				1		7		
		7	4			9	5	6
		5	2	8			6	
7			5		9			1
	8			6	7	5		
9	3	6			2	4		
		8		9				
2			6					

Puzzle 40

			7	9			3	6
					4	1	9	2
2				6		7		
7						6		5
	5						2	
4		2						7
		4		7				9
5	8	7	4					
9	1			5	6			

Puzzle 41

					7	5	1	
			5			4		
5				2		6	3	8
		3		7				1
	8	5		6		2	4	
1				5		3		
8	5	2		3				4
		1			5			
	4	6	9					

Puzzle 42

					3	1		
1	3		7		2	8		6
							7	9
7	9			6		2	1	
	6	3		5			9	7
3	5							
6		8	3		5		2	1
		1	8					

Puzzle 43

			3		5	1	6	
			9		6			
6		4	2					8
1	4	8					2	3
3		5				6	4	7
4					2	3		5
			6		4			
	7	1	5		8			

Puzzle 44

2		4		7	9	5		
				5				6
	6			2	3	1		
		3					4	
6		5					9	1
	2						3	
		6	5	9			1	
1				4				
		8	3	1		2		7

Puzzle 45

6		2			3	1		
					1		9	
	3	1						
		5		3	2		4	
2		3	4		5	7		9
	7		1	6		2		
						5	3	
	4		3					
		6	9			4		8

Puzzle 46

		1	2	9		6	3	
		7	6		8		2	
		2			4			5
	5							3
		6				9		
8							4	
6			4			3		
	9		7		1	2		
	2	5		6	3	4		

Puzzle 47

		4		9		1	7	8
7								
9		1		7	6		5	4
	7		4			3		
				8				
		3			5		8	
3	9		5	1		7		6
								3
1	4	7		3		8		

Puzzle 48

	8	3	9					2
6					8			9
	9				4			
9	1			3		8		4
		2				3		
3		7		8			6	1
			8				1	
1			5					8
7					6	2	4	

Puzzle 49

					9		4	7
		9			7	8		
4	3		8	5	2			
9							5	1
		4				7		
6	1							4
			9	2	4		7	8
		2	5			1		
7	9		1					

Puzzle 50

		4		8		7	1	
7		1			4		5	
	8		7	9				
2	6		4			1		
		8			9		3	7
				4	7		2	
	4		6			9		8
	7	9		3		4		

SOLUTIONS

EASY

Puzzle 1

9	5	8	1	6	4	2	3	7
1	2	7	8	9	3	6	5	4
6	3	4	2	5	7	1	8	9
4	8	2	5	1	6	9	7	3
5	7	1	3	4	9	8	2	6
3	6	9	7	8	2	5	4	1
8	9	5	4	3	1	7	6	2
2	4	6	9	7	5	3	1	8
7	1	3	6	2	8	4	9	5

Puzzle 2

8	5	6	4	7	1	2	9	3
3	2	1	9	5	8	6	4	7
9	7	4	3	2	6	5	1	8
5	1	7	2	3	4	9	8	6
2	6	9	1	8	7	4	3	5
4	3	8	5	6	9	1	7	2
1	8	2	7	9	5	3	6	4
6	4	3	8	1	2	7	5	9
7	9	5	6	4	3	8	2	1

Puzzle 3

4	5	3	2	8	9	7	1	6
8	2	1	3	6	7	5	9	4
6	9	7	4	1	5	8	2	3
1	3	5	9	7	8	4	6	2
9	7	6	1	2	4	3	5	8
2	4	8	6	5	3	1	7	9
3	1	4	7	9	2	6	8	5
7	8	9	5	3	6	2	4	1
5	6	2	8	4	1	9	3	7

Puzzle 4

3	2	8	4	6	9	1	7	5
6	9	5	2	7	1	8	3	4
7	4	1	5	8	3	9	6	2
1	8	6	7	4	2	3	5	9
9	3	2	6	1	5	7	4	8
5	7	4	9	3	8	6	2	1
4	1	9	3	2	7	5	8	6
8	6	3	1	5	4	2	9	7
2	5	7	8	9	6	4	1	3

Puzzle 5

4	1	7	5	6	3	9	8	2
9	8	5	2	7	1	3	4	6
3	2	6	4	8	9	7	5	1
7	9	2	3	5	8	6	1	4
5	6	1	7	2	4	8	3	9
8	4	3	9	1	6	5	2	7
2	3	4	8	9	7	1	6	5
1	7	8	6	4	5	2	9	3
6	5	9	1	3	2	4	7	8

Puzzle 6

2	3	5	9	7	1	8	4	6
4	7	1	2	8	6	9	3	5
8	9	6	4	3	5	2	7	1
1	6	8	7	4	9	5	2	3
7	4	9	5	2	3	1	6	8
3	5	2	1	6	8	4	9	7
6	2	4	8	1	7	3	5	9
9	1	3	6	5	2	7	8	4
5	8	7	3	9	4	6	1	2

Puzzle 7

3	1	9	5	7	8	2	4	6
4	8	6	2	9	1	3	7	5
5	2	7	6	4	3	1	9	8
2	4	1	8	5	7	6	3	9
7	5	8	9	3	6	4	2	1
6	9	3	1	2	4	8	5	7
1	3	4	7	6	9	5	8	2
9	6	2	4	8	5	7	1	3
8	7	5	3	1	2	9	6	4

Puzzle 8

2	8	3	5	9	7	4	1	6
7	9	6	2	1	4	5	3	8
5	1	4	6	8	3	9	2	7
1	4	5	7	6	8	2	9	3
3	2	7	9	5	1	6	8	4
8	6	9	4	3	2	7	5	1
4	3	2	8	7	9	1	6	5
6	7	8	1	2	5	3	4	9
9	5	1	3	4	6	8	7	2

Puzzle 9

4	2	3	5	6	9	7	1	8
5	8	7	1	3	2	4	6	9
1	6	9	4	8	7	5	3	2
2	7	5	3	4	6	9	8	1
9	1	4	2	5	8	3	7	6
8	3	6	9	7	1	2	5	4
3	9	2	6	1	5	8	4	7
7	5	1	8	2	4	6	9	3
6	4	8	7	9	3	1	2	5

Puzzle 10

2	3	9	7	1	5	8	6	4
6	5	7	4	8	3	1	2	9
8	1	4	9	2	6	3	7	5
1	2	8	5	4	7	6	9	3
9	6	5	2	3	1	4	8	7
7	4	3	6	9	8	2	5	1
4	8	2	3	5	9	7	1	6
3	9	6	1	7	2	5	4	8
5	7	1	8	6	4	9	3	2

Puzzle 11

2	6	7	1	5	9	4	3	8
5	4	8	6	3	2	9	7	1
3	9	1	8	4	7	6	5	2
9	2	3	5	6	4	1	8	7
1	8	5	9	7	3	2	4	6
4	7	6	2	8	1	5	9	3
7	3	9	4	2	6	8	1	5
8	1	2	7	9	5	3	6	4
6	5	4	3	1	8	7	2	9

Puzzle 12

3	5	2	9	7	8	4	6	1
4	6	7	3	1	5	8	9	2
1	8	9	6	2	4	7	3	5
6	1	5	8	4	3	2	7	9
2	4	3	7	5	9	1	8	6
7	9	8	1	6	2	5	4	3
9	3	4	5	8	1	6	2	7
5	2	6	4	3	7	9	1	8
8	7	1	2	9	6	3	5	4

Puzzle 13

7	9	4	1	3	2	6	8	5
3	5	8	7	9	6	1	4	2
6	1	2	4	8	5	3	7	9
2	6	7	9	4	3	5	1	8
9	8	1	2	5	7	4	3	6
4	3	5	6	1	8	2	9	7
8	7	3	5	6	4	9	2	1
5	2	9	3	7	1	8	6	4
1	4	6	8	2	9	7	5	3

Puzzle 14

4	9	1	8	2	3	6	5	7
8	3	5	6	7	1	4	2	9
2	6	7	4	5	9	3	1	8
9	5	4	3	8	2	7	6	1
6	1	2	5	9	7	8	4	3
3	7	8	1	4	6	2	9	5
1	2	9	7	6	8	5	3	4
7	4	6	9	3	5	1	8	2
5	8	3	2	1	4	9	7	6

Puzzle 15

6	7	1	3	8	4	2	9	5
9	5	4	6	2	1	7	3	8
8	2	3	9	5	7	1	6	4
7	4	6	5	3	2	9	8	1
2	9	5	1	4	8	6	7	3
3	1	8	7	9	6	5	4	2
1	3	9	8	6	5	4	2	7
4	8	7	2	1	9	3	5	6
5	6	2	4	7	3	8	1	9

Puzzle 16

5	4	3	9	1	7	2	6	8
9	8	6	5	3	2	1	7	4
7	1	2	8	6	4	9	5	3
3	2	5	6	4	1	7	8	9
1	6	8	7	5	9	3	4	2
4	9	7	2	8	3	6	1	5
2	7	4	1	9	5	8	3	6
6	3	9	4	7	8	5	2	1
8	5	1	3	2	6	4	9	7

Puzzle 17

2	4	1	3	5	6	7	9	8
8	9	6	2	7	1	5	4	3
3	5	7	4	8	9	1	6	2
1	8	4	5	2	7	6	3	9
5	7	3	6	9	4	2	8	1
9	6	2	8	1	3	4	5	7
6	2	5	1	3	8	9	7	4
7	1	8	9	4	5	3	2	6
4	3	9	7	6	2	8	1	5

Puzzle 18

2	5	1	3	8	9	6	4	7
3	7	6	4	1	5	2	9	8
9	8	4	6	2	7	5	1	3
7	6	8	9	5	1	3	2	4
4	1	9	8	3	2	7	6	5
5	2	3	7	6	4	1	8	9
6	4	5	2	7	8	9	3	1
1	9	2	5	4	3	8	7	6
8	3	7	1	9	6	4	5	2

Puzzle 19

8	4	9	7	2	6	3	1	5
7	5	3	9	4	1	8	6	2
6	1	2	8	5	3	4	9	7
1	7	4	2	6	8	9	5	3
3	2	6	1	9	5	7	8	4
9	8	5	4	3	7	6	2	1
5	9	7	6	1	4	2	3	8
2	3	8	5	7	9	1	4	6
4	6	1	3	8	2	5	7	9

Puzzle 20

1	3	8	6	4	5	2	9	7
5	4	9	7	8	2	6	1	3
2	7	6	1	9	3	8	4	5
8	1	5	4	7	9	3	2	6
9	2	3	8	5	6	4	7	1
4	6	7	2	3	1	5	8	9
3	8	2	5	1	7	9	6	4
7	9	4	3	6	8	1	5	2
6	5	1	9	2	4	7	3	8

Puzzle 21

8	6	4	5	7	3	9	1	2
3	1	9	6	2	8	5	7	4
7	2	5	9	4	1	3	8	6
5	7	6	3	9	4	8	2	1
9	4	1	8	5	2	7	6	3
2	8	3	7	1	6	4	5	9
6	9	7	2	3	5	1	4	8
1	3	8	4	6	7	2	9	5
4	5	2	1	8	9	6	3	7

Puzzle 22

1	4	3	8	2	7	6	5	9
8	7	2	9	6	5	1	3	4
9	6	5	3	1	4	2	7	8
2	9	1	6	7	8	3	4	5
6	8	4	5	9	3	7	1	2
3	5	7	1	4	2	8	9	6
5	1	6	2	3	9	4	8	7
7	3	8	4	5	6	9	2	1
4	2	9	7	8	1	5	6	3

Puzzle 23

3	4	7	5	2	1	9	8	6
8	1	9	4	3	6	2	7	5
5	6	2	8	9	7	4	1	3
6	5	3	7	4	2	1	9	8
2	8	4	1	5	9	3	6	7
9	7	1	6	8	3	5	4	2
7	9	5	2	1	8	6	3	4
4	3	6	9	7	5	8	2	1
1	2	8	3	6	4	7	5	9

Puzzle 24

3	4	7	2	5	8	9	6	1
9	1	2	6	7	4	8	3	5
5	6	8	1	9	3	7	2	4
2	7	6	9	4	1	5	8	3
4	9	3	5	8	6	1	7	2
8	5	1	3	2	7	4	9	6
7	8	5	4	3	2	6	1	9
6	3	9	8	1	5	2	4	7
1	2	4	7	6	9	3	5	8

Puzzle 25

9	8	5	1	7	6	2	4	3
3	1	7	5	4	2	9	6	8
2	4	6	3	8	9	7	1	5
5	7	1	9	2	4	8	3	6
4	2	3	6	5	8	1	9	7
8	6	9	7	1	3	4	5	2
6	9	4	8	3	7	5	2	1
1	3	8	2	9	5	6	7	4
7	5	2	4	6	1	3	8	9

Puzzle 26

6	3	7	8	2	1	4	5	9
9	1	2	5	6	4	7	8	3
4	8	5	9	3	7	1	6	2
8	6	9	1	4	3	2	7	5
7	4	3	2	5	8	6	9	1
2	5	1	7	9	6	3	4	8
3	2	8	4	7	5	9	1	6
1	9	4	6	8	2	5	3	7
5	7	6	3	1	9	8	2	4

Puzzle 27

6	7	8	5	1	4	3	2	9
2	1	3	8	9	7	6	5	4
9	5	4	6	3	2	7	8	1
5	4	2	3	7	8	9	1	6
1	3	6	4	5	9	2	7	8
7	8	9	1	2	6	5	4	3
8	2	5	9	4	3	1	6	7
4	9	7	2	6	1	8	3	5
3	6	1	7	8	5	4	9	2

Puzzle 28

5	6	8	1	4	2	3	7	9
4	7	2	3	9	5	1	8	6
1	9	3	8	6	7	2	4	5
9	8	6	5	1	4	7	3	2
7	5	1	9	2	3	4	6	8
3	2	4	7	8	6	9	5	1
8	4	7	2	5	1	6	9	3
6	1	9	4	3	8	5	2	7
2	3	5	6	7	9	8	1	4

Puzzle 29

6	9	5	1	4	2	8	3	7
2	3	4	8	7	9	1	5	6
8	1	7	3	5	6	9	4	2
4	2	3	5	9	7	6	1	8
7	8	6	4	3	1	5	2	9
1	5	9	6	2	8	3	7	4
5	6	8	7	1	4	2	9	3
9	4	1	2	6	3	7	8	5
3	7	2	9	8	5	4	6	1

Puzzle 30

3	2	1	6	8	7	9	5	4
6	9	5	4	2	3	7	8	1
7	4	8	5	9	1	2	3	6
5	6	3	8	4	9	1	2	7
2	7	9	1	3	6	5	4	8
1	8	4	2	7	5	3	6	9
9	3	2	7	6	8	4	1	5
4	1	6	9	5	2	8	7	3
8	5	7	3	1	4	6	9	2

Puzzle 31

4	5	1	6	9	7	3	2	8
9	7	8	2	3	5	6	4	1
6	3	2	1	4	8	5	9	7
2	8	9	7	6	3	4	1	5
1	6	5	8	2	4	9	7	3
7	4	3	9	5	1	2	8	6
5	1	6	4	7	9	8	3	2
8	2	4	3	1	6	7	5	9
3	9	7	5	8	2	1	6	4

Puzzle 32

4	5	9	8	6	3	1	2	7
3	2	6	1	4	7	8	9	5
8	7	1	5	9	2	3	6	4
9	6	7	3	5	8	4	1	2
1	3	5	9	2	4	7	8	6
2	4	8	6	7	1	5	3	9
6	8	4	7	3	9	2	5	1
7	9	3	2	1	5	6	4	8
5	1	2	4	8	6	9	7	3

Puzzle 33

5	4	9	2	8	6	1	3	7
1	7	8	3	5	4	6	2	9
2	6	3	1	9	7	5	4	8
8	9	7	5	4	1	3	6	2
4	3	2	6	7	8	9	1	5
6	1	5	9	2	3	8	7	4
9	2	1	4	6	5	7	8	3
7	5	6	8	3	2	4	9	1
3	8	4	7	1	9	2	5	6

Puzzle 34

4	6	2	5	1	7	8	3	9
9	3	1	4	6	8	7	5	2
8	5	7	2	9	3	6	1	4
7	4	5	3	2	6	9	8	1
2	1	9	8	7	5	4	6	3
3	8	6	9	4	1	5	2	7
1	7	3	6	8	4	2	9	5
5	9	8	7	3	2	1	4	6
6	2	4	1	5	9	3	7	8

Puzzle 35

8	5	9	7	1	6	4	2	3
6	4	3	2	8	5	7	1	9
7	1	2	4	9	3	8	6	5
4	7	1	8	6	9	5	3	2
9	2	6	5	3	7	1	8	4
5	3	8	1	2	4	9	7	6
2	8	4	3	5	1	6	9	7
3	9	7	6	4	8	2	5	1
1	6	5	9	7	2	3	4	8

Puzzle 36

2	9	4	5	1	7	8	3	6
1	5	6	4	3	8	2	7	9
8	7	3	9	2	6	4	5	1
3	4	1	8	5	2	9	6	7
9	2	5	6	7	4	1	8	3
6	8	7	1	9	3	5	2	4
7	1	9	2	6	5	3	4	8
4	6	2	3	8	1	7	9	5
5	3	8	7	4	9	6	1	2

Puzzle 37

3	9	5	7	8	6	4	2	1
4	2	6	5	1	9	7	3	8
8	1	7	3	4	2	9	5	6
9	5	4	6	2	8	1	7	3
2	3	1	9	7	5	6	8	4
7	6	8	1	3	4	5	9	2
6	4	9	2	5	3	8	1	7
1	8	3	4	9	7	2	6	5
5	7	2	8	6	1	3	4	9

Puzzle 38

1	8	2	4	5	9	3	7	6
9	7	4	6	1	3	2	5	8
5	3	6	2	8	7	1	4	9
2	1	3	9	6	5	4	8	7
8	9	5	3	7	4	6	1	2
6	4	7	1	2	8	5	9	3
4	2	1	8	9	6	7	3	5
3	5	9	7	4	2	8	6	1
7	6	8	5	3	1	9	2	4

Puzzle 39

9	7	5	6	8	4	3	1	2
2	4	8	5	1	3	9	6	7
6	1	3	9	2	7	8	4	5
8	6	1	3	4	2	5	7	9
3	9	4	7	6	5	1	2	8
7	5	2	8	9	1	4	3	6
1	8	9	4	7	6	2	5	3
5	2	7	1	3	9	6	8	4
4	3	6	2	5	8	7	9	1

Puzzle 40

2	7	5	9	6	1	4	8	3
1	3	9	4	8	7	2	5	6
6	4	8	3	2	5	7	1	9
8	6	4	2	5	3	1	9	7
7	1	3	6	4	9	5	2	8
5	9	2	1	7	8	3	6	4
9	5	6	7	1	4	8	3	2
3	8	7	5	9	2	6	4	1
4	2	1	8	3	6	9	7	5

Puzzle 41

4	6	7	5	1	8	2	9	3
5	3	2	6	7	9	8	1	4
9	8	1	2	4	3	7	5	6
6	1	4	7	3	2	9	8	5
7	9	8	1	5	6	4	3	2
2	5	3	9	8	4	1	6	7
3	7	9	4	6	1	5	2	8
8	2	5	3	9	7	6	4	1
1	4	6	8	2	5	3	7	9

Puzzle 42

8	9	1	2	5	3	7	4	6
2	6	7	4	8	9	1	3	5
5	4	3	6	7	1	9	8	2
9	1	2	8	3	4	6	5	7
3	7	6	5	1	2	8	9	4
4	8	5	7	9	6	3	2	1
1	2	8	3	4	7	5	6	9
6	5	9	1	2	8	4	7	3
7	3	4	9	6	5	2	1	8

Puzzle 43

4	6	2	1	3	8	7	5	9
7	5	3	4	6	9	8	1	2
8	9	1	7	2	5	3	6	4
5	1	8	9	7	6	2	4	3
9	3	4	5	1	2	6	8	7
2	7	6	3	8	4	1	9	5
3	4	7	6	9	1	5	2	8
1	8	5	2	4	7	9	3	6
6	2	9	8	5	3	4	7	1

Puzzle 44

5	3	6	9	7	1	2	4	8
1	8	4	6	3	2	7	5	9
7	9	2	5	8	4	3	6	1
8	2	5	4	1	9	6	7	3
6	1	7	2	5	3	8	9	4
9	4	3	8	6	7	1	2	5
4	7	9	1	2	8	5	3	6
3	6	1	7	4	5	9	8	2
2	5	8	3	9	6	4	1	7

Puzzle 45

1	8	5	3	4	2	6	7	9
3	4	7	6	9	1	5	2	8
2	6	9	5	7	8	3	1	4
6	7	4	2	3	9	1	8	5
5	1	8	4	6	7	2	9	3
9	3	2	1	8	5	4	6	7
4	9	6	7	2	3	8	5	1
7	5	3	8	1	6	9	4	2
8	2	1	9	5	4	7	3	6

Puzzle 46

8	4	6	2	3	9	7	1	5
5	2	1	6	7	4	8	9	3
7	3	9	8	1	5	2	4	6
4	9	5	3	8	2	1	6	7
3	7	8	1	5	6	9	2	4
1	6	2	4	9	7	3	5	8
9	5	4	7	2	3	6	8	1
6	8	3	9	4	1	5	7	2
2	1	7	5	6	8	4	3	9

Puzzle 47

2	5	7	9	4	1	8	3	6
3	9	6	8	5	2	1	4	7
4	8	1	3	6	7	9	2	5
8	2	4	5	1	3	6	7	9
7	3	5	6	2	9	4	8	1
1	6	9	4	7	8	2	5	3
5	4	2	7	9	6	3	1	8
9	7	3	1	8	4	5	6	2
6	1	8	2	3	5	7	9	4

Puzzle 48

6	4	3	8	2	5	1	9	7
2	8	9	7	6	1	3	5	4
5	7	1	9	3	4	8	6	2
3	9	2	4	5	8	7	1	6
1	6	4	3	7	2	5	8	9
8	5	7	6	1	9	4	2	3
7	1	6	2	8	3	9	4	5
9	3	8	5	4	6	2	7	1
4	2	5	1	9	7	6	3	8

Puzzle 49

9	8	5	1	6	4	7	2	3
7	2	4	3	9	5	8	6	1
1	6	3	8	2	7	9	4	5
8	4	9	7	1	2	5	3	6
5	3	1	6	8	9	2	7	4
2	7	6	4	5	3	1	8	9
3	1	2	5	7	6	4	9	8
6	5	7	9	4	8	3	1	2
4	9	8	2	3	1	6	5	7

Puzzle 50

5	4	2	8	1	3	6	7	9
8	7	9	2	6	4	1	5	3
1	6	3	9	5	7	4	2	8
7	3	1	5	9	6	2	8	4
4	5	8	7	3	2	9	1	6
2	9	6	1	4	8	5	3	7
6	1	4	3	7	5	8	9	2
3	8	5	4	2	9	7	6	1
9	2	7	6	8	1	3	4	5

MEDIUM

Puzzle 1

1	5	4	9	2	3	8	7	6
7	2	8	1	6	5	4	3	9
6	3	9	8	4	7	5	1	2
4	6	3	7	5	8	2	9	1
8	1	2	3	9	6	7	5	4
9	7	5	2	1	4	3	6	8
3	9	6	4	7	2	1	8	5
2	8	1	5	3	9	6	4	7
5	4	7	6	8	1	9	2	3

Puzzle 2

2	9	7	5	8	6	4	3	1
6	3	8	4	1	2	5	9	7
1	5	4	7	9	3	2	6	8
5	8	9	1	2	4	3	7	6
4	6	2	3	7	9	8	1	5
7	1	3	6	5	8	9	4	2
9	2	6	8	4	7	1	5	3
8	7	1	9	3	5	6	2	4
3	4	5	2	6	1	7	8	9

Puzzle 3

8	9	6	3	4	5	1	7	2
1	2	5	6	8	7	3	9	4
4	7	3	1	2	9	5	8	6
2	5	7	8	1	3	4	6	9
6	1	4	5	9	2	7	3	8
9	3	8	4	7	6	2	1	5
7	6	9	2	3	4	8	5	1
3	8	2	9	5	1	6	4	7
5	4	1	7	6	8	9	2	3

Puzzle 4

1	5	3	4	6	2	8	7	9
2	7	9	3	1	8	4	5	6
8	6	4	7	5	9	3	1	2
7	3	2	9	4	1	5	6	8
5	9	1	6	8	3	7	2	4
4	8	6	2	7	5	1	9	3
9	2	5	1	3	4	6	8	7
6	4	8	5	2	7	9	3	1
3	1	7	8	9	6	2	4	5

Puzzle 5

5	2	8	9	1	4	7	6	3
1	4	6	3	7	8	5	9	2
9	3	7	2	5	6	8	1	4
8	7	2	4	9	1	6	3	5
3	5	4	6	8	2	1	7	9
6	9	1	7	3	5	4	2	8
7	6	3	5	4	9	2	8	1
2	1	5	8	6	3	9	4	7
4	8	9	1	2	7	3	5	6

Puzzle 6

9	3	4	6	7	5	8	1	2
8	5	2	4	9	1	7	3	6
7	6	1	8	3	2	5	4	9
2	8	6	1	4	7	9	5	3
4	1	3	2	5	9	6	8	7
5	9	7	3	8	6	1	2	4
3	2	5	9	6	8	4	7	1
1	7	9	5	2	4	3	6	8
6	4	8	7	1	3	2	9	5

Puzzle 7

2	8	5	7	1	9	6	3	4
9	3	1	8	4	6	5	7	2
7	6	4	3	5	2	8	1	9
6	5	9	2	3	4	7	8	1
1	7	2	5	9	8	4	6	3
8	4	3	6	7	1	9	2	5
5	1	8	4	6	3	2	9	7
3	2	7	9	8	5	1	4	6
4	9	6	1	2	7	3	5	8

Puzzle 8

1	7	5	6	3	8	4	2	9
4	9	8	1	5	2	6	7	3
6	2	3	9	4	7	1	5	8
5	1	7	8	9	3	2	6	4
9	3	6	5	2	4	8	1	7
8	4	2	7	6	1	9	3	5
2	5	4	3	1	9	7	8	6
7	6	1	4	8	5	3	9	2
3	8	9	2	7	6	5	4	1

Puzzle 9

4	2	9	5	1	6	8	7	3
8	5	1	7	3	9	2	4	6
6	3	7	4	8	2	5	9	1
3	9	5	2	7	4	6	1	8
1	6	4	9	5	8	7	3	2
7	8	2	1	6	3	4	5	9
5	7	6	8	9	1	3	2	4
2	1	3	6	4	7	9	8	5
9	4	8	3	2	5	1	6	7

Puzzle 10

8	7	5	2	4	3	6	9	1
6	4	9	7	1	8	5	2	3
2	3	1	9	5	6	8	4	7
4	6	8	1	9	5	7	3	2
3	1	7	4	8	2	9	5	6
5	9	2	3	6	7	4	1	8
9	5	3	6	7	1	2	8	4
7	2	4	8	3	9	1	6	5
1	8	6	5	2	4	3	7	9

Puzzle 11

9	8	3	5	2	7	6	4	1
7	1	6	3	4	8	5	9	2
4	2	5	1	9	6	7	3	8
2	5	9	4	6	1	8	7	3
6	4	1	7	8	3	2	5	9
3	7	8	9	5	2	1	6	4
5	3	7	8	1	4	9	2	6
1	6	4	2	7	9	3	8	5
8	9	2	6	3	5	4	1	7

Puzzle 12

8	7	5	2	4	3	6	9	1
6	4	9	7	1	8	5	2	3
2	3	1	9	5	6	8	4	7
4	6	8	1	9	5	7	3	2
3	1	7	4	8	2	9	5	6
5	9	2	3	6	7	4	1	8
9	5	3	6	7	1	2	8	4
7	2	4	8	3	9	1	6	5
1	8	6	5	2	4	3	7	9

Puzzle 13

2	3	9	5	7	1	4	6	8
1	8	4	6	9	3	7	2	5
7	5	6	8	4	2	9	3	1
5	4	1	9	2	8	6	7	3
3	2	7	1	6	5	8	4	9
9	6	8	7	3	4	1	5	2
8	7	5	2	1	6	3	9	4
6	1	3	4	5	9	2	8	7
4	9	2	3	8	7	5	1	6

Puzzle 14

7	3	2	9	1	4	6	8	5
9	1	8	5	6	7	3	2	4
6	5	4	2	8	3	1	9	7
5	4	9	8	3	6	7	1	2
1	2	6	7	9	5	4	3	8
3	8	7	4	2	1	5	6	9
8	6	5	3	4	9	2	7	1
2	7	3	1	5	8	9	4	6
4	9	1	6	7	2	8	5	3

Puzzle 15

8	6	3	7	5	9	4	2	1
9	4	2	3	1	6	5	7	8
5	1	7	8	2	4	9	3	6
7	5	4	6	8	1	2	9	3
1	8	9	2	3	5	7	6	4
3	2	6	9	4	7	1	8	5
4	3	8	5	9	2	6	1	7
6	9	5	1	7	8	3	4	2
2	7	1	4	6	3	8	5	9

Puzzle 16

9	3	1	8	7	2	5	6	4
8	2	6	5	4	3	1	9	7
5	4	7	6	9	1	2	3	8
4	8	2	7	6	9	3	1	5
6	7	3	4	1	5	9	8	2
1	5	9	2	3	8	4	7	6
7	9	8	1	2	4	6	5	3
3	6	4	9	5	7	8	2	1
2	1	5	3	8	6	7	4	9

Puzzle 17

9	1	5	7	6	2	8	4	3
8	3	4	1	9	5	7	6	2
6	2	7	8	4	3	9	1	5
5	7	1	9	8	6	3	2	4
3	4	8	5	2	1	6	9	7
2	6	9	4	3	7	1	5	8
7	5	3	6	1	4	2	8	9
4	9	6	2	7	8	5	3	1
1	8	2	3	5	9	4	7	6

Puzzle 18

7	2	1	5	3	9	8	4	6
8	9	5	6	7	4	3	1	2
4	3	6	2	1	8	9	5	7
2	6	8	3	5	1	7	9	4
9	7	3	4	2	6	1	8	5
1	5	4	8	9	7	6	2	3
6	8	9	7	4	2	5	3	1
5	1	2	9	6	3	4	7	8
3	4	7	1	8	5	2	6	9

Puzzle 19

2	8	5	9	7	3	1	4	6
3	7	6	1	4	5	9	8	2
1	4	9	8	6	2	3	5	7
9	2	7	6	1	8	4	3	5
6	3	4	5	9	7	8	2	1
8	5	1	2	3	4	6	7	9
4	9	2	7	8	1	5	6	3
7	1	8	3	5	6	2	9	4
5	6	3	4	2	9	7	1	8

Puzzle 20

4	1	3	2	5	8	7	6	9
7	2	9	4	6	3	5	8	1
8	5	6	7	1	9	4	2	3
2	9	8	3	7	4	6	1	5
3	6	5	9	8	1	2	7	4
1	7	4	6	2	5	3	9	8
6	8	1	5	3	2	9	4	7
9	3	2	1	4	7	8	5	6
5	4	7	8	9	6	1	3	2

Puzzle 21

1	6	9	3	5	2	8	4	7
3	7	8	4	9	1	6	2	5
4	5	2	6	8	7	3	9	1
2	3	7	9	6	5	4	1	8
5	4	6	1	7	8	9	3	2
9	8	1	2	4	3	7	5	6
7	9	4	5	1	6	2	8	3
6	2	5	8	3	4	1	7	9
8	1	3	7	2	9	5	6	4

Puzzle 22

4	9	3	1	6	2	8	7	5
7	5	1	9	8	3	6	4	2
6	2	8	4	5	7	9	1	3
5	7	6	3	1	8	2	9	4
2	3	4	6	9	5	7	8	1
1	8	9	7	2	4	3	5	6
9	4	7	2	3	1	5	6	8
8	6	2	5	4	9	1	3	7
3	1	5	8	7	6	4	2	9

Puzzle 23

9	7	6	3	1	2	8	4	5
2	3	5	8	4	9	6	7	1
4	8	1	6	7	5	2	9	3
6	4	7	9	5	1	3	2	8
5	9	8	2	6	3	4	1	7
3	1	2	4	8	7	5	6	9
7	5	3	1	2	4	9	8	6
1	6	4	5	9	8	7	3	2
8	2	9	7	3	6	1	5	4

Puzzle 24

5	3	9	2	1	4	7	6	8
1	4	6	8	9	7	3	2	5
2	8	7	5	3	6	4	1	9
9	5	4	1	6	2	8	3	7
8	1	3	4	7	9	2	5	6
6	7	2	3	8	5	9	4	1
3	6	8	7	4	1	5	9	2
4	9	5	6	2	8	1	7	3
7	2	1	9	5	3	6	8	4

Puzzle 25

1	6	5	7	3	8	4	9	2
4	9	7	1	5	2	8	3	6
8	3	2	4	6	9	7	5	1
3	1	9	6	2	4	5	8	7
5	2	4	3	8	7	1	6	9
6	7	8	5	9	1	2	4	3
9	5	1	2	4	3	6	7	8
2	4	3	8	7	6	9	1	5
7	8	6	9	1	5	3	2	4

Puzzle 26

2	9	6	4	8	3	7	1	5
8	7	5	6	2	1	4	3	9
1	4	3	9	5	7	8	6	2
5	2	9	7	4	6	1	8	3
3	6	7	2	1	8	5	9	4
4	1	8	3	9	5	2	7	6
9	5	1	8	3	4	6	2	7
6	3	4	1	7	2	9	5	8
7	8	2	5	6	9	3	4	1

Puzzle 27

3	4	9	6	7	5	8	1	2
7	1	2	3	4	8	5	9	6
6	5	8	9	2	1	4	3	7
5	2	3	4	8	7	1	6	9
4	8	6	1	9	2	7	5	3
9	7	1	5	6	3	2	8	4
2	9	4	8	1	6	3	7	5
8	6	5	7	3	4	9	2	1
1	3	7	2	5	9	6	4	8

Puzzle 28

7	1	4	5	3	2	8	9	6
3	9	8	6	1	7	2	4	5
6	2	5	9	8	4	1	7	3
8	4	6	1	5	3	9	2	7
9	7	2	8	4	6	3	5	1
1	5	3	7	2	9	4	6	8
5	3	7	2	9	1	6	8	4
2	6	1	4	7	8	5	3	9
4	8	9	3	6	5	7	1	2

Puzzle 29

3	4	1	9	7	6	2	8	5
5	9	6	1	8	2	3	4	7
8	2	7	5	4	3	1	9	6
2	6	8	4	3	7	9	5	1
4	3	9	2	1	5	6	7	8
1	7	5	8	6	9	4	3	2
6	8	2	7	9	4	5	1	3
9	1	3	6	5	8	7	2	4
7	5	4	3	2	1	8	6	9

Puzzle 30

3	4	9	5	8	2	7	1	6
6	8	7	3	4	1	2	9	5
5	2	1	9	7	6	4	3	8
2	5	3	8	6	9	1	7	4
1	9	4	7	5	3	8	6	2
7	6	8	1	2	4	3	5	9
4	7	5	6	3	8	9	2	1
8	1	6	2	9	7	5	4	3
9	3	2	4	1	5	6	8	7

Puzzle 31

4	3	7	5	9	8	2	1	6
6	9	5	2	4	1	8	7	3
1	8	2	6	3	7	9	5	4
8	2	4	7	6	3	1	9	5
5	1	9	4	8	2	3	6	7
7	6	3	9	1	5	4	2	8
3	7	8	1	2	6	5	4	9
9	5	1	3	7	4	6	8	2
2	4	6	8	5	9	7	3	1

Puzzle 32

7	2	8	9	3	5	1	6	4
4	1	9	6	2	8	7	5	3
6	5	3	4	1	7	9	8	2
1	4	5	8	6	9	3	2	7
3	7	6	2	5	1	4	9	8
9	8	2	3	7	4	5	1	6
8	6	1	5	4	3	2	7	9
5	9	4	7	8	2	6	3	1
2	3	7	1	9	6	8	4	5

Puzzle 33

1	3	6	5	4	2	9	7	8
7	5	4	8	9	6	3	1	2
9	8	2	7	3	1	6	4	5
4	6	9	3	1	5	8	2	7
3	7	8	4	2	9	5	6	1
5	2	1	6	8	7	4	9	3
2	4	3	9	7	8	1	5	6
8	1	5	2	6	4	7	3	9
6	9	7	1	5	3	2	8	4

Puzzle 34

3	9	8	4	5	2	6	7	1
4	1	2	7	8	6	3	5	9
6	5	7	1	3	9	4	2	8
5	4	9	2	1	7	8	6	3
8	7	3	6	9	5	2	1	4
2	6	1	3	4	8	5	9	7
1	2	5	8	7	3	9	4	6
7	8	6	9	2	4	1	3	5
9	3	4	5	6	1	7	8	2

Puzzle 35

7	3	1	5	6	8	4	9	2
5	8	6	4	2	9	3	7	1
9	4	2	7	1	3	8	6	5
2	6	4	3	9	5	7	1	8
8	1	5	2	7	4	9	3	6
3	9	7	1	8	6	5	2	4
4	7	3	6	5	1	2	8	9
1	2	9	8	4	7	6	5	3
6	5	8	9	3	2	1	4	7

Puzzle 36

2	9	8	7	4	3	1	5	6
4	5	7	1	8	6	9	2	3
6	1	3	2	9	5	7	8	4
3	7	4	6	1	2	8	9	5
8	6	5	4	7	9	2	3	1
1	2	9	3	5	8	6	4	7
7	8	1	9	3	4	5	6	2
5	4	6	8	2	7	3	1	9
9	3	2	5	6	1	4	7	8

Puzzle 37

5	9	7	2	4	6	8	3	1
8	1	4	7	5	3	2	6	9
2	3	6	8	1	9	5	4	7
1	2	5	6	8	7	4	9	3
6	4	9	5	3	2	7	1	8
7	8	3	1	9	4	6	5	2
3	5	1	4	2	8	9	7	6
9	6	2	3	7	5	1	8	4
4	7	8	9	6	1	3	2	5

Puzzle 38

4	2	9	8	6	1	7	3	5
1	7	6	5	3	2	4	8	9
3	5	8	7	9	4	1	6	2
5	8	2	3	4	6	9	1	7
6	1	7	2	8	9	5	4	3
9	3	4	1	5	7	6	2	8
2	9	5	4	1	8	3	7	6
8	4	3	6	7	5	2	9	1
7	6	1	9	2	3	8	5	4

Puzzle 39

3	4	6	5	7	9	2	8	1
9	8	5	2	6	1	7	4	3
2	1	7	8	3	4	6	9	5
5	6	2	9	1	3	8	7	4
7	3	8	6	4	5	9	1	2
4	9	1	7	2	8	3	5	6
8	5	3	4	9	6	1	2	7
6	7	9	1	5	2	4	3	8
1	2	4	3	8	7	5	6	9

Puzzle 40

2	9	4	8	1	6	3	7	5
1	5	7	4	3	2	6	9	8
8	6	3	9	7	5	4	1	2
5	8	1	2	9	3	7	4	6
9	7	2	6	8	4	1	5	3
3	4	6	1	5	7	2	8	9
7	3	8	5	2	1	9	6	4
6	2	9	7	4	8	5	3	1
4	1	5	3	6	9	8	2	7

Puzzle 41

1	5	4	9	8	6	7	3	2
7	8	6	1	3	2	4	9	5
2	3	9	7	4	5	1	6	8
6	2	3	4	9	7	8	5	1
8	4	5	2	1	3	9	7	6
9	1	7	6	5	8	2	4	3
5	7	1	3	2	4	6	8	9
3	6	2	8	7	9	5	1	4
4	9	8	5	6	1	3	2	7

Puzzle 42

9	7	8	2	6	1	3	5	4
5	4	6	7	3	8	2	9	1
1	2	3	9	5	4	8	7	6
7	8	4	1	2	3	5	6	9
6	3	1	5	4	9	7	2	8
2	5	9	6	8	7	1	4	3
8	9	5	3	7	6	4	1	2
4	1	2	8	9	5	6	3	7
3	6	7	4	1	2	9	8	5

Puzzle 43

6	9	5	2	4	8	7	1	3
4	1	3	9	6	7	8	2	5
2	7	8	3	5	1	4	9	6
7	2	4	8	9	6	5	3	1
9	8	6	1	3	5	2	7	4
3	5	1	7	2	4	6	8	9
1	6	2	5	8	9	3	4	7
8	4	9	6	7	3	1	5	2
5	3	7	4	1	2	9	6	8

Puzzle 44

1	9	4	7	3	6	8	2	5
6	7	8	2	4	5	3	9	1
3	5	2	1	9	8	4	7	6
7	4	9	3	5	1	6	8	2
8	6	5	9	2	7	1	3	4
2	1	3	8	6	4	7	5	9
4	3	7	5	1	9	2	6	8
9	8	6	4	7	2	5	1	3
5	2	1	6	8	3	9	4	7

Puzzle 45

4	5	8	1	9	3	7	2	6
7	1	3	6	2	4	5	8	9
2	9	6	5	7	8	3	4	1
8	7	9	3	1	2	6	5	4
5	2	4	9	6	7	1	3	8
6	3	1	4	8	5	9	7	2
1	4	7	8	5	9	2	6	3
3	6	2	7	4	1	8	9	5
9	8	5	2	3	6	4	1	7

Puzzle 46

8	9	6	2	4	3	1	7	5
3	4	7	6	5	1	9	8	2
2	5	1	8	9	7	6	4	3
9	6	3	7	1	5	8	2	4
5	1	4	3	2	8	7	6	9
7	2	8	4	6	9	5	3	1
6	3	9	5	7	4	2	1	8
4	7	5	1	8	2	3	9	6
1	8	2	9	3	6	4	5	7

Puzzle 47

3	6	9	8	2	4	1	5	7
7	2	4	5	1	9	6	3	8
8	1	5	3	6	7	2	9	4
5	9	7	2	8	1	3	4	6
2	8	3	7	4	6	5	1	9
6	4	1	9	3	5	8	7	2
9	7	2	6	5	3	4	8	1
4	5	8	1	7	2	9	6	3
1	3	6	4	9	8	7	2	5

Puzzle 48

8	2	3	7	9	1	6	5	4
6	1	7	5	2	4	9	3	8
5	4	9	6	8	3	2	1	7
3	7	5	8	4	6	1	2	9
4	9	1	2	7	5	3	8	6
2	8	6	1	3	9	7	4	5
7	6	4	3	5	2	8	9	1
1	5	2	9	6	8	4	7	3
9	3	8	4	1	7	5	6	2

Puzzle 49

5	7	1	4	3	6	8	2	9
4	8	3	9	2	5	1	7	6
6	2	9	7	1	8	5	3	4
9	5	7	6	4	1	2	8	3
3	6	8	2	7	9	4	5	1
1	4	2	5	8	3	9	6	7
8	1	4	3	5	7	6	9	2
7	9	5	1	6	2	3	4	8
2	3	6	8	9	4	7	1	5

Puzzle 50

9	2	4	8	7	5	1	3	6
5	1	8	2	3	6	9	7	4
7	6	3	4	1	9	5	2	8
6	9	2	5	8	3	7	4	1
4	5	1	7	6	2	8	9	3
3	8	7	9	4	1	2	6	5
8	7	6	1	9	4	3	5	2
2	3	9	6	5	8	4	1	7
1	4	5	3	2	7	6	8	9

HARD

Puzzle 1

3	2	8	5	9	4	7	1	6
1	4	7	6	8	2	3	9	5
9	6	5	3	1	7	2	8	4
2	5	1	7	3	8	4	6	9
8	7	9	4	6	1	5	2	3
4	3	6	2	5	9	8	7	1
6	8	4	1	2	3	9	5	7
7	1	2	9	4	5	6	3	8
5	9	3	8	7	6	1	4	2

Puzzle 2

4	3	7	5	2	6	8	9	1
1	6	8	9	7	3	5	4	2
9	5	2	4	1	8	7	6	3
3	2	5	8	4	1	9	7	6
7	1	4	6	9	5	3	2	8
8	9	6	7	3	2	1	5	4
2	8	9	1	5	4	6	3	7
6	7	3	2	8	9	4	1	5
5	4	1	3	6	7	2	8	9

Puzzle 3

1	8	6	2	3	5	9	4	7
7	4	9	1	6	8	3	5	2
3	5	2	9	7	4	1	6	8
6	9	5	4	8	2	7	1	3
8	2	3	5	1	7	6	9	4
4	7	1	6	9	3	8	2	5
9	3	4	8	2	6	5	7	1
2	6	8	7	5	1	4	3	9
5	1	7	3	4	9	2	8	6

Puzzle 4

4	5	8	3	6	2	7	1	9
3	6	9	5	1	7	8	4	2
2	1	7	4	8	9	5	3	6
6	9	2	7	5	4	3	8	1
8	7	5	1	3	6	9	2	4
1	4	3	9	2	8	6	7	5
7	8	6	2	4	5	1	9	3
5	3	4	8	9	1	2	6	7
9	2	1	6	7	3	4	5	8

Puzzle 5

4	1	2	8	5	3	9	6	7
6	7	3	2	1	9	4	5	8
9	8	5	4	7	6	1	3	2
5	3	8	6	4	2	7	1	9
2	9	7	5	8	1	6	4	3
1	6	4	3	9	7	8	2	5
3	4	9	7	6	5	2	8	1
8	2	1	9	3	4	5	7	6
7	5	6	1	2	8	3	9	4

Puzzle 6

6	7	9	4	3	2	5	8	1
1	4	3	8	7	5	6	9	2
2	8	5	9	6	1	7	3	4
3	9	6	2	1	4	8	5	7
7	2	4	3	5	8	1	6	9
5	1	8	7	9	6	2	4	3
8	3	1	6	2	9	4	7	5
9	6	2	5	4	7	3	1	8
4	5	7	1	8	3	9	2	6

Puzzle 7

2	1	5	3	8	6	7	9	4
4	6	3	1	7	9	8	2	5
7	8	9	4	2	5	6	3	1
5	2	6	7	3	4	9	1	8
9	7	1	6	5	8	3	4	2
3	4	8	2	9	1	5	7	6
1	3	7	5	6	2	4	8	9
8	5	4	9	1	7	2	6	3
6	9	2	8	4	3	1	5	7

Puzzle 8

7	5	9	4	6	8	2	1	3
3	8	4	9	1	2	7	6	5
6	1	2	7	3	5	4	9	8
2	4	3	6	9	1	8	5	7
9	7	1	5	8	4	3	2	6
5	6	8	3	2	7	9	4	1
1	9	7	8	4	6	5	3	2
4	2	5	1	7	3	6	8	9
8	3	6	2	5	9	1	7	4

Puzzle 9

5	7	8	6	4	1	2	3	9
3	6	4	7	9	2	8	5	1
1	2	9	5	3	8	4	6	7
7	4	1	8	5	9	3	2	6
6	8	3	1	2	7	5	9	4
9	5	2	4	6	3	7	1	8
4	9	6	2	7	5	1	8	3
2	1	7	3	8	6	9	4	5
8	3	5	9	1	4	6	7	2

Puzzle 10

8	4	7	3	6	1	2	9	5
9	6	5	4	2	8	3	7	1
3	2	1	5	7	9	4	8	6
4	1	6	7	9	3	8	5	2
5	9	8	6	4	2	1	3	7
2	7	3	1	8	5	9	6	4
6	8	4	9	1	7	5	2	3
7	5	2	8	3	4	6	1	9
1	3	9	2	5	6	7	4	8

Puzzle 11

1	4	9	3	5	6	7	8	2
5	8	7	9	1	2	3	4	6
3	6	2	7	4	8	5	9	1
8	5	4	2	6	3	1	7	9
6	9	1	8	7	5	4	2	3
7	2	3	4	9	1	6	5	8
9	7	8	1	3	4	2	6	5
2	1	5	6	8	7	9	3	4
4	3	6	5	2	9	8	1	7

Puzzle 12

7	8	3	1	5	9	6	4	2
6	2	1	3	4	8	5	9	7
9	5	4	6	2	7	1	3	8
8	1	5	4	7	6	3	2	9
2	9	7	8	3	1	4	6	5
3	4	6	5	9	2	7	8	1
4	3	8	2	1	5	9	7	6
5	6	9	7	8	3	2	1	4
1	7	2	9	6	4	8	5	3

Puzzle 13

5	2	3	4	9	1	6	7	8
1	7	4	8	3	6	9	5	2
9	8	6	2	5	7	4	3	1
3	4	7	9	1	8	2	6	5
8	1	5	6	4	2	7	9	3
2	6	9	5	7	3	8	1	4
6	9	8	3	2	5	1	4	7
7	5	2	1	6	4	3	8	9
4	3	1	7	8	9	5	2	6

Puzzle 14

1	7	8	5	9	3	2	4	6
9	2	5	4	6	8	1	7	3
6	3	4	2	7	1	9	8	5
5	1	7	6	2	9	8	3	4
2	4	6	8	3	7	5	1	9
3	8	9	1	5	4	6	2	7
8	9	2	7	4	5	3	6	1
4	6	3	9	1	2	7	5	8
7	5	1	3	8	6	4	9	2

Puzzle 15

3	1	7	2	4	8	9	5	6
4	6	2	9	3	5	1	8	7
5	9	8	1	6	7	4	2	3
2	5	9	7	1	6	8	3	4
7	8	4	3	5	9	2	6	1
1	3	6	4	8	2	7	9	5
6	7	5	8	2	1	3	4	9
9	2	3	6	7	4	5	1	8
8	4	1	5	9	3	6	7	2

Puzzle 16

8	5	2	9	4	3	1	7	6
3	7	1	2	6	8	9	5	4
6	4	9	7	5	1	3	8	2
9	2	6	1	8	5	7	4	3
5	1	4	6	3	7	8	2	9
7	3	8	4	2	9	5	6	1
4	8	7	3	9	6	2	1	5
2	9	5	8	1	4	6	3	7
1	6	3	5	7	2	4	9	8

Puzzle 17

8	7	1	4	9	3	6	5	2
9	2	4	8	5	6	1	3	7
5	6	3	2	1	7	8	4	9
7	9	2	3	4	1	5	6	8
1	8	5	9	6	2	3	7	4
3	4	6	7	8	5	2	9	1
4	3	7	6	2	8	9	1	5
2	5	9	1	3	4	7	8	6
6	1	8	5	7	9	4	2	3

Puzzle 18

4	2	7	5	8	6	1	9	3
8	6	9	7	1	3	4	5	2
1	3	5	4	2	9	7	6	8
3	4	8	1	6	5	2	7	9
9	7	1	2	4	8	6	3	5
2	5	6	3	9	7	8	4	1
6	1	2	9	3	4	5	8	7
5	9	4	8	7	2	3	1	6
7	8	3	6	5	1	9	2	4

Puzzle 19

4	9	2	7	8	6	1	3	5
7	1	3	5	9	4	6	2	8
6	5	8	3	1	2	7	4	9
8	6	7	2	5	3	4	9	1
2	3	9	4	7	1	5	8	6
5	4	1	8	6	9	2	7	3
1	2	4	9	3	5	8	6	7
9	8	6	1	4	7	3	5	2
3	7	5	6	2	8	9	1	4

Puzzle 20

1	7	6	5	2	9	3	8	4
9	2	5	4	8	3	7	1	6
4	8	3	6	7	1	2	5	9
3	9	2	8	1	4	5	6	7
5	4	7	3	9	6	8	2	1
6	1	8	7	5	2	4	9	3
2	3	9	1	4	5	6	7	8
8	6	1	2	3	7	9	4	5
7	5	4	9	6	8	1	3	2

Puzzle 21

5	9	4	1	2	6	7	8	3
2	8	1	9	3	7	5	6	4
7	6	3	5	8	4	1	9	2
3	1	5	2	6	9	8	4	7
9	7	8	3	4	1	6	2	5
4	2	6	8	7	5	9	3	1
8	4	7	6	1	3	2	5	9
6	3	9	7	5	2	4	1	8
1	5	2	4	9	8	3	7	6

Puzzle 22

8	9	1	3	2	5	4	7	6
2	7	6	8	4	9	1	3	5
3	5	4	7	1	6	2	8	9
7	1	5	2	6	8	3	9	4
6	3	2	4	9	1	8	5	7
9	4	8	5	7	3	6	2	1
4	2	9	6	8	7	5	1	3
1	8	3	9	5	4	7	6	2
5	6	7	1	3	2	9	4	8

Puzzle 23

9	6	8	7	2	5	1	3	4
1	7	5	8	4	3	2	6	9
3	4	2	1	6	9	8	7	5
5	9	4	2	3	7	6	1	8
6	3	7	9	1	8	4	5	2
2	8	1	4	5	6	3	9	7
8	1	9	3	7	4	5	2	6
4	2	6	5	9	1	7	8	3
7	5	3	6	8	2	9	4	1

Puzzle 24

5	2	6	1	3	9	8	4	7
1	9	7	4	6	8	5	3	2
8	4	3	7	2	5	6	1	9
7	5	9	2	8	3	4	6	1
3	1	2	6	5	4	9	7	8
4	6	8	9	7	1	2	5	3
9	8	5	3	4	7	1	2	6
6	3	1	5	9	2	7	8	4
2	7	4	8	1	6	3	9	5

Puzzle 25

1	8	6	2	9	4	7	5	3
7	9	3	5	8	1	2	4	6
4	2	5	7	3	6	8	1	9
6	5	8	9	1	2	4	3	7
9	3	1	8	4	7	5	6	2
2	7	4	6	5	3	1	9	8
8	1	9	3	7	5	6	2	4
3	4	2	1	6	8	9	7	5
5	6	7	4	2	9	3	8	1

Puzzle 26

1	3	2	6	4	5	7	8	9
6	4	8	7	1	9	5	3	2
9	5	7	2	8	3	6	1	4
5	2	1	9	6	8	4	7	3
3	6	4	5	7	2	1	9	8
8	7	9	4	3	1	2	5	6
7	9	5	3	2	4	8	6	1
4	8	3	1	5	6	9	2	7
2	1	6	8	9	7	3	4	5

Puzzle 27

7	4	9	1	2	5	3	8	6
2	5	1	6	8	3	9	4	7
3	8	6	4	9	7	1	5	2
8	1	7	2	5	6	4	3	9
5	2	4	7	3	9	8	6	1
9	6	3	8	1	4	2	7	5
4	3	2	5	6	1	7	9	8
6	9	8	3	7	2	5	1	4
1	7	5	9	4	8	6	2	3

Puzzle 28

3	8	9	2	1	7	6	5	4
1	7	5	8	6	4	2	9	3
4	2	6	5	9	3	1	8	7
5	1	4	3	8	9	7	2	6
2	9	3	7	5	6	8	4	1
7	6	8	4	2	1	9	3	5
8	3	2	6	7	5	4	1	9
9	4	7	1	3	2	5	6	8
6	5	1	9	4	8	3	7	2

Puzzle 29

2	1	9	4	3	5	7	8	6
4	8	7	1	2	6	5	9	3
5	6	3	8	7	9	4	2	1
8	2	5	6	4	3	1	7	9
9	4	6	7	1	8	2	3	5
3	7	1	9	5	2	6	4	8
1	9	8	2	6	7	3	5	4
6	5	2	3	9	4	8	1	7
7	3	4	5	8	1	9	6	2

Puzzle 30

7	5	4	3	6	1	9	2	8
8	3	2	9	5	4	7	1	6
9	6	1	8	2	7	4	5	3
1	4	8	2	7	9	3	6	5
6	9	3	5	4	8	1	7	2
5	2	7	1	3	6	8	9	4
4	1	9	6	8	5	2	3	7
3	8	6	7	9	2	5	4	1
2	7	5	4	1	3	6	8	9

Puzzle 31

7	8	1	4	2	9	3	6	5
4	3	5	6	7	1	8	9	2
2	9	6	8	5	3	7	1	4
9	6	2	5	3	8	1	4	7
8	5	7	1	6	4	9	2	3
1	4	3	7	9	2	6	5	8
6	1	4	2	8	7	5	3	9
3	2	8	9	1	5	4	7	6
5	7	9	3	4	6	2	8	1

Puzzle 32

3	8	1	9	5	2	7	6	4
6	2	5	7	4	3	1	9	8
4	7	9	8	1	6	2	3	5
1	9	3	4	6	8	5	7	2
8	4	7	3	2	5	9	1	6
5	6	2	1	7	9	4	8	3
2	1	8	6	9	4	3	5	7
9	3	4	5	8	7	6	2	1
7	5	6	2	3	1	8	4	9

Puzzle 33

9	1	2	6	5	4	8	3	7
7	5	8	1	3	9	2	6	4
6	4	3	2	7	8	1	5	9
4	3	5	8	1	6	9	7	2
1	9	7	4	2	3	6	8	5
8	2	6	5	9	7	3	4	1
3	8	1	7	4	2	5	9	6
2	6	4	9	8	5	7	1	3
5	7	9	3	6	1	4	2	8

Puzzle 34

6	4	3	1	2	7	5	8	9
9	5	2	6	8	4	3	1	7
8	7	1	5	3	9	6	2	4
7	3	8	9	4	5	1	6	2
2	1	5	7	6	8	4	9	3
4	9	6	2	1	3	7	5	8
5	8	7	3	9	1	2	4	6
3	6	4	8	5	2	9	7	1
1	2	9	4	7	6	8	3	5

Puzzle 35

1	5	4	3	2	6	8	9	7
6	9	8	5	4	7	3	1	2
2	7	3	9	8	1	4	6	5
8	4	9	6	5	2	1	7	3
3	6	5	7	1	8	9	2	4
7	2	1	4	9	3	6	5	8
4	3	6	2	7	9	5	8	1
5	1	7	8	6	4	2	3	9
9	8	2	1	3	5	7	4	6

Puzzle 36

6	4	1	8	3	7	5	2	9
3	9	7	6	2	5	8	1	4
2	5	8	9	4	1	6	7	3
8	6	3	4	7	9	1	5	2
4	7	5	3	1	2	9	6	8
9	1	2	5	8	6	3	4	7
7	2	6	1	9	8	4	3	5
1	8	4	2	5	3	7	9	6
5	3	9	7	6	4	2	8	1

Puzzle 37

4	2	3	9	8	6	5	7	1
7	1	8	2	3	5	4	6	9
5	9	6	1	4	7	2	8	3
3	4	9	5	6	1	7	2	8
2	6	1	3	7	8	9	4	5
8	5	7	4	2	9	1	3	6
6	8	5	7	1	4	3	9	2
9	7	2	6	5	3	8	1	4
1	3	4	8	9	2	6	5	7

Puzzle 38

8	6	3	2	5	9	7	1	4
4	2	5	1	6	7	9	3	8
7	9	1	4	3	8	2	6	5
6	1	2	8	4	5	3	9	7
9	8	4	6	7	3	1	5	2
3	5	7	9	1	2	8	4	6
5	4	8	7	9	1	6	2	3
1	7	6	3	2	4	5	8	9
2	3	9	5	8	6	4	7	1

Puzzle 39

5	1	3	6	8	4	2	7	9
4	7	9	5	3	2	1	8	6
2	8	6	1	9	7	3	5	4
6	4	1	3	5	8	7	9	2
7	2	5	9	4	6	8	3	1
3	9	8	7	2	1	6	4	5
1	6	4	8	7	9	5	2	3
9	3	7	2	1	5	4	6	8
8	5	2	4	6	3	9	1	7

Puzzle 40

1	2	3	9	5	8	6	7	4
9	6	5	4	7	2	3	1	8
4	7	8	3	1	6	9	5	2
8	5	2	7	9	4	1	3	6
7	9	6	8	3	1	2	4	5
3	1	4	6	2	5	8	9	7
6	4	9	5	8	3	7	2	1
5	3	1	2	6	7	4	8	9
2	8	7	1	4	9	5	6	3

Puzzle 41

3	2	6	1	9	8	4	5	7
9	1	7	4	2	5	3	6	8
8	4	5	7	3	6	9	1	2
6	9	8	5	1	7	2	4	3
7	5	1	3	4	2	8	9	6
4	3	2	6	8	9	5	7	1
5	7	3	2	6	4	1	8	9
2	8	4	9	7	1	6	3	5
1	6	9	8	5	3	7	2	4

Puzzle 42

9	5	8	1	6	4	2	3	7
1	2	7	8	9	3	6	5	4
6	3	4	2	5	7	1	8	9
4	8	2	5	1	6	9	7	3
5	7	1	3	4	9	8	2	6
3	6	9	7	8	2	5	4	1
8	9	5	4	3	1	7	6	2
2	4	6	9	7	5	3	1	8
7	1	3	6	2	8	4	9	5

Puzzle 43

2	3	4	8	6	7	1	5	9
5	6	9	3	1	4	8	7	2
7	8	1	2	9	5	3	6	4
8	2	7	5	4	1	6	9	3
4	1	5	9	3	6	7	2	8
3	9	6	7	2	8	5	4	1
6	5	3	4	8	2	9	1	7
9	7	2	1	5	3	4	8	6
1	4	8	6	7	9	2	3	5

Puzzle 44

8	4	1	3	5	6	2	7	9
6	5	2	7	9	4	8	3	1
3	9	7	8	2	1	5	4	6
7	6	5	2	3	8	9	1	4
2	1	4	6	7	9	3	8	5
9	8	3	4	1	5	7	6	2
5	3	6	1	8	2	4	9	7
4	7	9	5	6	3	1	2	8
1	2	8	9	4	7	6	5	3

Puzzle 45

7	1	9	6	3	8	2	4	5
2	4	3	9	7	5	6	8	1
5	8	6	1	2	4	3	9	7
3	5	7	8	1	2	9	6	4
4	9	2	3	5	6	7	1	8
8	6	1	7	4	9	5	2	3
1	7	8	2	9	3	4	5	6
9	3	5	4	6	1	8	7	2
6	2	4	5	8	7	1	3	9

Puzzle 46

1	3	6	8	9	7	5	4	2
4	9	5	6	2	3	7	8	1
2	8	7	1	4	5	9	3	6
6	5	1	7	3	9	8	2	4
8	4	9	2	6	1	3	5	7
7	2	3	5	8	4	6	1	9
3	1	8	9	7	2	4	6	5
5	7	4	3	1	6	2	9	8
9	6	2	4	5	8	1	7	3

Puzzle 47

3	6	9	8	1	5	7	4	2
8	1	4	2	7	9	5	6	3
2	7	5	4	6	3	9	8	1
5	9	1	7	4	2	6	3	8
7	2	8	6	3	1	4	9	5
6	4	3	9	5	8	2	1	7
4	5	2	1	8	6	3	7	9
9	8	7	3	2	4	1	5	6
1	3	6	5	9	7	8	2	4

Puzzle 48

8	3	5	4	2	1	6	9	7
4	7	1	5	9	6	8	2	3
6	9	2	8	3	7	1	4	5
3	4	6	2	5	8	7	1	9
1	5	9	3	7	4	2	6	8
2	8	7	1	6	9	3	5	4
5	1	4	6	8	3	9	7	2
9	6	8	7	4	2	5	3	1
7	2	3	9	1	5	4	8	6

Puzzle 49

8	4	6	1	7	2	5	9	3
3	7	9	5	6	8	2	1	4
5	2	1	3	4	9	7	8	6
4	9	3	7	1	5	6	2	8
1	6	7	8	2	4	3	5	9
2	8	5	9	3	6	4	7	1
9	5	2	4	8	3	1	6	7
7	3	8	6	5	1	9	4	2
6	1	4	2	9	7	8	3	5

Puzzle 50

1	7	5	6	3	8	4	2	9
4	9	8	1	5	2	6	7	3
6	2	3	9	4	7	1	5	8
5	1	7	8	9	3	2	6	4
9	3	6	5	2	4	8	1	7
8	4	2	7	6	1	9	3	5
2	5	4	3	1	9	7	8	6
7	6	1	4	8	5	3	9	2
3	8	9	2	7	6	5	4	1

VERY HARD

Puzzle 1

1	6	2	4	7	9	3	5	8
9	7	3	8	5	1	6	2	4
4	5	8	2	6	3	9	7	1
3	2	5	1	8	6	4	9	7
6	9	4	5	3	7	1	8	2
7	8	1	9	4	2	5	6	3
5	1	7	6	2	4	8	3	9
2	4	6	3	9	8	7	1	5
8	3	9	7	1	5	2	4	6

Puzzle 2

7	2	3	4	8	1	5	9	6
9	4	8	6	5	2	7	1	3
5	6	1	7	9	3	4	2	8
2	9	4	5	1	8	6	3	7
3	1	5	9	6	7	8	4	2
8	7	6	3	2	4	9	5	1
1	3	9	8	7	5	2	6	4
6	8	2	1	4	9	3	7	5
4	5	7	2	3	6	1	8	9

Puzzle 3

5	1	3	8	2	7	6	9	4
7	2	4	6	9	1	3	8	5
6	8	9	4	3	5	2	1	7
1	9	8	3	5	6	7	4	2
2	6	5	7	8	4	1	3	9
3	4	7	9	1	2	8	5	6
8	5	6	2	4	3	9	7	1
4	3	2	1	7	9	5	6	8
9	7	1	5	6	8	4	2	3

Puzzle 4

2	5	6	8	7	9	1	3	4
9	8	3	5	4	1	7	2	6
4	7	1	6	3	2	9	8	5
1	2	8	4	9	6	3	5	7
7	6	5	3	1	8	2	4	9
3	9	4	7	2	5	6	1	8
8	1	2	9	6	4	5	7	3
6	4	7	2	5	3	8	9	1
5	3	9	1	8	7	4	6	2

Puzzle 5

6	4	3	1	9	8	7	5	2
9	7	2	6	5	3	8	4	1
5	1	8	4	7	2	3	9	6
1	2	5	3	6	7	9	8	4
3	9	4	8	2	1	5	6	7
7	8	6	9	4	5	2	1	3
2	5	9	7	1	4	6	3	8
4	3	7	5	8	6	1	2	9
8	6	1	2	3	9	4	7	5

Puzzle 6

4	7	1	9	8	3	6	5	2
5	8	6	2	4	7	9	3	1
2	3	9	1	5	6	4	7	8
7	2	3	5	6	9	1	8	4
1	9	8	3	7	4	2	6	5
6	5	4	8	1	2	3	9	7
3	1	7	6	2	8	5	4	9
8	6	2	4	9	5	7	1	3
9	4	5	7	3	1	8	2	6

Puzzle 7

3	6	1	7	4	2	8	9	5
4	5	7	1	8	9	2	6	3
8	2	9	6	5	3	7	4	1
2	1	3	5	6	8	4	7	9
7	8	4	9	3	1	6	5	2
5	9	6	4	2	7	3	1	8
9	3	5	2	7	4	1	8	6
6	4	8	3	1	5	9	2	7
1	7	2	8	9	6	5	3	4

Puzzle 8

4	9	3	6	8	2	1	5	7
7	6	8	3	5	1	2	9	4
2	5	1	7	9	4	8	3	6
9	3	4	1	2	7	5	6	8
1	8	6	5	3	9	4	7	2
5	2	7	8	4	6	9	1	3
8	7	9	4	1	3	6	2	5
3	1	5	2	6	8	7	4	9
6	4	2	9	7	5	3	8	1

Puzzle 9

1	7	9	3	2	8	5	6	4
3	5	2	6	7	4	9	8	1
8	6	4	9	1	5	7	2	3
5	9	8	2	6	1	3	4	7
7	2	6	4	9	3	1	5	8
4	1	3	8	5	7	2	9	6
9	4	7	1	8	2	6	3	5
6	8	1	5	3	9	4	7	2
2	3	5	7	4	6	8	1	9

Puzzle 10

4	3	7	1	8	6	5	9	2
1	6	2	5	7	9	4	8	3
5	8	9	4	3	2	1	7	6
9	4	6	8	1	7	3	2	5
8	1	5	6	2	3	7	4	9
7	2	3	9	5	4	6	1	8
3	7	8	2	4	5	9	6	1
2	9	4	3	6	1	8	5	7
6	5	1	7	9	8	2	3	4

Puzzle 11

6	4	3	9	1	2	8	7	5
1	2	8	7	3	5	9	4	6
9	7	5	6	4	8	2	3	1
8	3	6	4	7	1	5	2	9
2	9	4	5	8	3	1	6	7
7	5	1	2	9	6	4	8	3
5	8	9	3	2	7	6	1	4
3	6	2	1	5	4	7	9	8
4	1	7	8	6	9	3	5	2

Puzzle 12

8	2	1	5	6	9	4	3	7
4	9	6	3	7	8	1	5	2
5	7	3	2	4	1	9	8	6
1	6	4	9	5	2	3	7	8
7	5	9	4	8	3	2	6	1
2	3	8	6	1	7	5	4	9
6	4	2	8	9	5	7	1	3
3	8	7	1	2	4	6	9	5
9	1	5	7	3	6	8	2	4

Puzzle 13

8	5	4	3	2	1	6	7	9
6	7	3	5	4	9	8	2	1
1	2	9	8	6	7	3	5	4
4	3	1	6	7	8	5	9	2
7	6	5	9	3	2	1	4	8
9	8	2	1	5	4	7	6	3
2	4	8	7	1	6	9	3	5
3	9	7	4	8	5	2	1	6
5	1	6	2	9	3	4	8	7

Puzzle 14

7	1	3	6	9	5	4	2	8
8	2	5	4	1	3	9	6	7
6	4	9	7	8	2	1	5	3
5	9	2	1	3	7	8	4	6
4	6	1	8	5	9	3	7	2
3	7	8	2	4	6	5	9	1
1	3	7	9	6	4	2	8	5
9	5	6	3	2	8	7	1	4
2	8	4	5	7	1	6	3	9

Puzzle 15

3	4	6	2	1	9	8	5	7
7	9	2	8	5	4	3	6	1
8	1	5	7	3	6	9	4	2
2	8	7	5	9	3	4	1	6
1	6	9	4	2	8	7	3	5
5	3	4	1	6	7	2	8	9
4	2	1	9	8	5	6	7	3
9	7	3	6	4	1	5	2	8
6	5	8	3	7	2	1	9	4

Puzzle 16

3	1	6	7	9	2	8	4	5
9	8	2	3	5	4	6	7	1
4	7	5	6	8	1	2	3	9
7	6	8	1	4	3	9	5	2
1	3	9	2	6	5	4	8	7
5	2	4	9	7	8	1	6	3
2	4	1	8	3	7	5	9	6
6	5	7	4	2	9	3	1	8
8	9	3	5	1	6	7	2	4

Puzzle 17

1	6	2	4	8	3	5	9	7
8	9	7	5	2	6	3	4	1
5	4	3	7	1	9	2	8	6
9	5	4	6	3	1	7	2	8
2	7	8	9	4	5	6	1	3
3	1	6	2	7	8	9	5	4
7	3	9	1	5	4	8	6	2
6	8	1	3	9	2	4	7	5
4	2	5	8	6	7	1	3	9

Puzzle 18

6	8	3	2	7	4	5	9	1
5	9	2	1	6	8	3	7	4
7	4	1	9	5	3	6	2	8
4	2	7	5	1	6	8	3	9
1	6	8	7	3	9	2	4	5
9	3	5	8	4	2	1	6	7
8	7	4	3	2	1	9	5	6
2	1	6	4	9	5	7	8	3
3	5	9	6	8	7	4	1	2

Puzzle 19

6	7	9	2	5	4	8	3	1
5	8	2	6	3	1	7	9	4
4	1	3	7	9	8	2	5	6
8	9	4	3	7	5	6	1	2
1	6	5	4	8	2	3	7	9
2	3	7	9	1	6	4	8	5
9	5	6	8	2	7	1	4	3
3	4	8	1	6	9	5	2	7
7	2	1	5	4	3	9	6	8

Puzzle 20

5	2	9	3	7	8	1	4	6
3	4	8	6	9	1	5	7	2
7	6	1	4	5	2	8	9	3
8	7	2	9	3	6	4	5	1
9	1	6	5	8	4	2	3	7
4	5	3	2	1	7	9	6	8
1	9	7	8	4	3	6	2	5
2	8	4	7	6	5	3	1	9
6	3	5	1	2	9	7	8	4

Puzzle 21

4	7	3	5	1	8	6	2	9
1	6	5	3	9	2	4	8	7
9	2	8	6	4	7	3	5	1
5	4	7	8	2	3	1	9	6
6	3	9	1	7	5	2	4	8
2	8	1	9	6	4	7	3	5
3	5	4	7	8	6	9	1	2
7	1	2	4	5	9	8	6	3
8	9	6	2	3	1	5	7	4

Puzzle 22

6	5	3	1	4	7	9	8	2
4	1	9	8	2	6	5	3	7
7	2	8	9	3	5	6	1	4
5	9	6	4	8	3	7	2	1
8	4	1	7	5	2	3	6	9
3	7	2	6	9	1	4	5	8
1	8	4	5	6	9	2	7	3
2	6	7	3	1	4	8	9	5
9	3	5	2	7	8	1	4	6

Puzzle 23

4	6	5	3	1	2	9	8	7
3	1	7	8	6	9	5	2	4
9	2	8	5	4	7	1	3	6
7	4	2	9	3	1	6	5	8
6	3	9	4	8	5	7	1	2
8	5	1	7	2	6	4	9	3
2	9	6	1	7	3	8	4	5
1	8	3	6	5	4	2	7	9
5	7	4	2	9	8	3	6	1

Puzzle 24

6	1	9	4	3	5	8	7	2
5	8	2	6	9	7	3	4	1
4	3	7	1	2	8	9	6	5
8	7	6	9	1	3	5	2	4
3	2	5	7	8	4	6	1	9
1	9	4	2	5	6	7	8	3
9	4	8	5	7	1	2	3	6
2	6	3	8	4	9	1	5	7
7	5	1	3	6	2	4	9	8

Puzzle 25

4	2	9	5	1	6	8	7	3
8	5	1	7	3	9	2	4	6
6	3	7	4	8	2	5	9	1
3	9	5	2	7	4	6	1	8
1	6	4	9	5	8	7	3	2
7	8	2	1	6	3	4	5	9
5	7	6	8	9	1	3	2	4
2	1	3	6	4	7	9	8	5
9	4	8	3	2	5	1	6	7

Puzzle 26

6	8	5	3	7	2	1	4	9
7	2	1	9	8	4	5	3	6
4	9	3	6	1	5	2	7	8
9	3	4	1	5	6	7	8	2
1	7	8	2	4	9	6	5	3
5	6	2	8	3	7	4	9	1
2	5	6	7	9	3	8	1	4
8	4	9	5	2	1	3	6	7
3	1	7	4	6	8	9	2	5

Puzzle 27

9	6	7	3	1	2	4	5	8
8	3	1	7	5	4	9	2	6
2	4	5	6	9	8	1	7	3
6	1	3	9	8	7	2	4	5
7	9	8	4	2	5	3	6	1
5	2	4	1	6	3	8	9	7
3	7	6	2	4	1	5	8	9
1	5	2	8	7	9	6	3	4
4	8	9	5	3	6	7	1	2

Puzzle 28

3	6	1	5	2	7	8	4	9
7	5	8	9	3	4	2	1	6
4	2	9	6	8	1	5	7	3
8	7	2	3	6	9	1	5	4
5	1	3	2	4	8	9	6	7
6	9	4	7	1	5	3	8	2
2	8	7	1	9	6	4	3	5
1	3	6	4	5	2	7	9	8
9	4	5	8	7	3	6	2	1

Puzzle 29

5	3	2	1	4	6	7	9	8
4	7	6	9	8	2	5	1	3
8	9	1	7	3	5	2	6	4
9	4	5	8	6	3	1	7	2
3	1	8	2	7	9	4	5	6
2	6	7	4	5	1	8	3	9
6	8	3	5	2	7	9	4	1
7	2	9	6	1	4	3	8	5
1	5	4	3	9	8	6	2	7

Puzzle 30

7	8	4	1	3	5	6	2	9
2	3	5	8	6	9	4	7	1
9	1	6	2	4	7	8	5	3
3	6	2	5	9	4	1	8	7
4	9	8	7	1	6	5	3	2
1	5	7	3	2	8	9	4	6
8	7	1	9	5	2	3	6	4
5	4	3	6	7	1	2	9	8
6	2	9	4	8	3	7	1	5

Puzzle 31

5	3	2	1	4	6	7	9	8
4	7	6	9	8	2	5	1	3
8	9	1	7	3	5	2	6	4
9	4	5	8	6	3	1	7	2
3	1	8	2	7	9	4	5	6
2	6	7	4	5	1	8	3	9
6	8	3	5	2	7	9	4	1
7	2	9	6	1	4	3	8	5
1	5	4	3	9	8	6	2	7

Puzzle 32

6	1	5	3	8	2	7	4	9
3	8	4	9	5	7	1	2	6
9	7	2	4	6	1	8	5	3
4	5	6	2	1	3	9	8	7
7	9	1	8	4	5	3	6	2
8	2	3	7	9	6	4	1	5
2	4	8	6	7	9	5	3	1
5	3	7	1	2	4	6	9	8
1	6	9	5	3	8	2	7	4

Puzzle 33

5	9	4	8	1	3	6	7	2
3	7	1	2	6	4	9	8	5
8	6	2	7	5	9	3	1	4
6	2	8	3	4	1	5	9	7
4	5	9	6	7	8	1	2	3
7	1	3	5	9	2	4	6	8
1	8	5	4	2	6	7	3	9
2	4	6	9	3	7	8	5	1
9	3	7	1	8	5	2	4	6

Puzzle 34

2	7	9	4	6	1	3	5	8
4	3	6	8	5	7	2	9	1
1	8	5	9	2	3	4	6	7
3	1	2	5	9	4	8	7	6
8	9	4	6	7	2	5	1	3
5	6	7	3	1	8	9	4	2
6	4	3	1	8	9	7	2	5
7	5	8	2	4	6	1	3	9
9	2	1	7	3	5	6	8	4

Puzzle 35

4	3	1	8	9	5	7	2	6
8	6	7	2	4	1	5	9	3
9	2	5	7	6	3	1	8	4
6	9	3	1	2	4	8	7	5
2	7	4	5	8	6	9	3	1
1	5	8	9	3	7	6	4	2
3	8	6	4	5	9	2	1	7
5	1	2	3	7	8	4	6	9
7	4	9	6	1	2	3	5	8

Puzzle 36

1	9	4	8	6	5	2	3	7
7	3	5	4	1	2	9	6	8
8	6	2	3	9	7	1	4	5
9	2	1	7	4	8	3	5	6
6	7	8	5	3	1	4	2	9
4	5	3	9	2	6	8	7	1
3	8	9	6	5	4	7	1	2
2	4	6	1	7	9	5	8	3
5	1	7	2	8	3	6	9	4

Puzzle 37

9	3	7	8	5	4	2	6	1
8	5	6	1	9	2	3	7	4
1	2	4	3	7	6	5	9	8
3	1	5	4	6	9	8	2	7
6	7	9	2	8	5	4	1	3
2	4	8	7	3	1	6	5	9
5	6	1	9	4	8	7	3	2
7	8	2	6	1	3	9	4	5
4	9	3	5	2	7	1	8	6

Puzzle 38

4	6	5	9	2	1	7	8	3
8	3	2	7	6	5	9	4	1
1	7	9	3	8	4	5	2	6
9	2	1	6	4	3	8	5	7
3	5	7	2	1	8	4	6	9
6	4	8	5	7	9	3	1	2
5	9	6	4	3	2	1	7	8
7	8	4	1	9	6	2	3	5
2	1	3	8	5	7	6	9	4

Puzzle 39

8	5	9	7	3	6	1	2	4
6	2	4	9	1	5	7	3	8
3	1	7	4	2	8	9	5	6
4	9	5	2	8	1	3	6	7
7	6	3	5	4	9	2	8	1
1	8	2	3	6	7	5	4	9
9	3	6	8	7	2	4	1	5
5	4	8	1	9	3	6	7	2
2	7	1	6	5	4	8	9	3

Puzzle 40

1	4	5	7	9	2	8	3	6
3	7	6	5	8	4	1	9	2
2	9	8	3	6	1	7	5	4
7	3	1	9	2	8	6	4	5
8	5	9	6	4	7	3	2	1
4	6	2	1	3	5	9	8	7
6	2	4	8	7	3	5	1	9
5	8	7	4	1	9	2	6	3
9	1	3	2	5	6	4	7	8

Puzzle 41

2	3	4	6	8	7	5	1	9
6	1	8	5	9	3	4	7	2
5	7	9	1	2	4	6	3	8
4	6	3	8	7	2	9	5	1
9	8	5	3	6	1	2	4	7
1	2	7	4	5	9	3	8	6
8	5	2	7	3	6	1	9	4
7	9	1	2	4	5	8	6	3
3	4	6	9	1	8	7	2	5

Puzzle 42

5	7	9	6	8	3	1	4	2
1	3	4	7	9	2	8	5	6
2	8	6	5	1	4	3	7	9
7	9	5	4	6	8	2	1	3
4	1	2	9	3	7	5	6	8
8	6	3	2	5	1	4	9	7
3	5	7	1	2	9	6	8	4
6	4	8	3	7	5	9	2	1
9	2	1	8	4	6	7	3	5

Puzzle 43

7	2	9	3	8	5	1	6	4
8	1	3	9	4	6	5	7	2
6	5	4	2	1	7	9	3	8
1	4	8	7	6	9	2	5	3
2	6	7	4	5	3	8	1	9
3	9	5	8	2	1	6	4	7
4	8	6	1	7	2	3	9	5
5	3	2	6	9	4	7	8	1
9	7	1	5	3	8	4	2	6

Puzzle 44

2	1	4	6	7	9	5	8	3
8	3	9	4	5	1	7	2	6
5	6	7	8	2	3	1	9	4
7	9	3	1	6	5	8	4	2
6	8	5	2	3	4	9	7	1
4	2	1	9	8	7	3	6	5
3	7	6	5	9	2	4	1	8
1	5	2	7	4	8	6	3	9
9	4	8	3	1	6	2	5	7

Puzzle 45

6	9	2	5	7	3	1	8	4
5	8	7	6	4	1	3	9	2
4	3	1	2	9	8	6	7	5
9	6	5	7	3	2	8	4	1
2	1	3	4	8	5	7	6	9
8	7	4	1	6	9	2	5	3
7	2	9	8	1	4	5	3	6
1	4	8	3	5	6	9	2	7
3	5	6	9	2	7	4	1	8

Puzzle 46

5	8	1	2	9	7	6	3	4
3	4	7	6	5	8	1	2	9
9	6	2	1	3	4	8	7	5
2	5	4	8	1	9	7	6	3
7	3	6	5	4	2	9	1	8
8	1	9	3	7	6	5	4	2
6	7	8	4	2	5	3	9	1
4	9	3	7	8	1	2	5	6
1	2	5	9	6	3	4	8	7

Puzzle 47

5	6	4	2	9	3	1	7	8
7	8	2	1	5	4	6	3	9
9	3	1	8	7	6	2	5	4
8	7	5	4	6	1	3	9	2
4	2	9	3	8	7	5	6	1
6	1	3	9	2	5	4	8	7
3	9	8	5	1	2	7	4	6
2	5	6	7	4	8	9	1	3
1	4	7	6	3	9	8	2	5

Puzzle 48

4	8	3	9	6	1	5	7	2
6	7	1	2	5	8	4	3	9
2	9	5	3	7	4	1	8	6
9	1	6	7	3	5	8	2	4
8	4	2	6	1	9	3	5	7
3	5	7	4	8	2	9	6	1
5	2	9	8	4	7	6	1	3
1	6	4	5	2	3	7	9	8
7	3	8	1	9	6	2	4	5

Puzzle 49

5	8	6	3	1	9	2	4	7
1	2	9	4	6	7	8	3	5
4	3	7	8	5	2	9	1	6
9	7	3	2	4	8	6	5	1
2	5	4	6	3	1	7	8	9
6	1	8	7	9	5	3	2	4
3	6	1	9	2	4	5	7	8
8	4	2	5	7	6	1	9	3
7	9	5	1	8	3	4	6	2

Puzzle 50

9	2	4	5	8	3	7	1	6
7	3	1	2	6	4	8	5	9
6	8	5	7	9	1	3	4	2
2	6	3	4	7	8	1	9	5
1	9	7	3	5	6	2	8	4
4	5	8	1	2	9	6	3	7
8	1	6	9	4	7	5	2	3
3	4	2	6	1	5	9	7	8
5	7	9	8	3	2	4	6	1

www.ingramcontent.com/pod-product-compliance
Lightning Source LLC
Chambersburg PA
CBHW080459220526
45465CB00006B/2319